RECHERCHES

SUR

L'ANGUILLULE DE LA BETTERAVE

(*HETERODERA SCHACHTII*),

PAR

M. JOANNES CHATIN,

PROFESSEUR ADJOINT À LA FACULTÉ DES SCIENCES DE PARIS,
CHARGÉ DU COURS D'HISTOLOGIE À LA SORBONNE,
MEMBRE DE L'ACADÉMIE DE MÉDECINE.

(Extrait du *Bulletin du Ministère de l'Agriculture*.)

PARIS.

IMPRIMERIE NATIONALE.

M DCCC XCI.

RECHERCHES

SUR

L'ANGUILLULE DE LA BETTERAVE

(HETERODERA SCHACHTII),

PAR

M. JOANNES CHATIN,

PROFESSEUR ADJOINT À LA FACULTÉ DES SCIENCES DE PARIS,
CHARGÉ DU COURS D'HISTOLOGIE À LA SORBONNE,
MEMBRE DE L'ACADÉMIE DE MÉDECINE.

(Extrait du *Bulletin du Ministère de l'Agriculture*.)

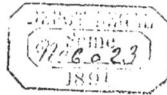

PARIS.

IMPRIMERIE NATIONALE.

—

M DCCC XCI.

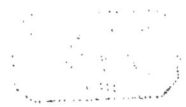

RECHERCHES

SUR

L'ANGUILLULE DE LA BETTERAVE

(*HETERODERA SCHACHTII*).

———————

Par sa rapide propagation, par l'étendue des ravages qu'elle exerce dans nos cultures, l'Anguillule de la betterave s'est promptement imposée à l'attention des agriculteurs et des naturalistes.

Pour combattre efficacement un parasite, il faut d'abord apprendre à le bien connaître. Son étude biologique doit précéder et déterminer l'application des mesures qui peuvent être utilement prescrites contre lui.

Tel est le but que je me suis efforcé d'atteindre durant la longue série de recherches que résume ce mémoire. On y pourra facilement juger de l'importance que possède, même au point de vue pratique, l'histologie zoologique. Seule, elle a pu me permettre d'établir l'origine du plus puissant des modes de propagation de l'*Heterodera Schachtii*.

S'il fallait montrer quel concours on doit en attendre, lorsqu'on l'applique à l'étude d'un Helminthe, il me suffirait d'énumérer les principaux faits nouveaux que j'ai été assez heureux pour pouvoir observer : la découverte de l'enkystement de la femelle, le mode de formation de son kyste, l'exacte signification du cocon dont s'entoure le mâle, l'extrême activité formatrice des zones tégumentaires, la structure intime des divers appareils organiques du Nématode, la valeur morphologique de la coiffe et de l'aiguillon, etc., tels sont les résultats ainsi acquis et sur lesquels je me permets d'appeler particulièrement l'attention.

I. — HISTORIQUE.

On s'explique aisément comment l'Anguillule de la betterave, en raison même de ses dimensions microscopiques, ne possède qu'une histoire toute moderne.

La première mention qui en ait été faite date à peine d'une trentaine d'années. Ce fut en 1859, qu'un botaniste bien connu de Bonn, Hermann Schacht, poursuivant une longue série de recherches sur les betteraves, rencontra fortuitement leur parasite. Il se méprit tout d'abord sur sa véritable nature, le décrivant comme un Acarien; dans la suite, des observations plus rigoureuses lui permirent de rectifier cette grave erreur.

Schacht reconnut alors que les « points blanchâtres et gros comme une tête d'épingle », qu'il trouvait parfois disséminés sur les racines, renfermaient des œufs dans lesquels étaient inclus des embryons dont la forme révélait nettement des Nématodes.

Il communiqua ses préparations à deux zoologistes, Lieberkuhn et Wagener, qui confirmèrent sa nouvelle diagnose et proposèrent de créer pour le ver de la betterave un genre spécial.

1.

Celui-ci ne fut toutefois établi qu'à la suite de nouvelles investigations auxquelles Schacht prit une large part, mettant en œuvre d'abondants matériaux d'étude.

En effet, ses premières publications ayant donné l'éveil, on avait recherché dans diverses parties de l'Allemagne les causes du dépérissement des betteraves : sur plusieurs points, principalement en Silésie, l'Anguillule avait été rencontrée en abondance et les Helminthes ainsi recueillis ayant été envoyés au naturaliste de Bonn, il lui devient facile d'observer le parasite sous la plupart de ses états.

C'est seulement alors que Schacht fait connaître le mâle qui lui avait antérieurement échappé. Il insiste ensuite sur les variations de l'aiguillon, tout en admettant que cet organe puisse permettre de rapprocher les adultes et les larves. La coiffe céphalique du mâle, son tube digestif, ses organes génitaux et péniens sont suffisamment étudiés pour l'époque.

Quant à la femelle, sa description demeure sensiblement ce qu'elle était dans les premières publications de Schacht, qui cherche vainement à en compléter l'étude. L'opacité des téguments opposait des obstacles que ne pouvait surmonter une technique encore très imparfaite.

Schacht ne se borne d'ailleurs pas à recueillir sur l'histoire naturelle de l'Helminthe tous les faits qu'il peut observer; cherchant aussitôt à appliquer les notions ainsi acquises, il s'efforce d'en montrer aux agriculteurs l'importance pratique, leur signalant tout l'intérêt que l'Anguillule présente en raison de son action nocive, tentant même d'instituer quelques règles prophylactiques, etc.

Faut-il ajouter que ses conseils et ses avertissements ne semblent pas avoir trouvé grand écho ? Après sa mort, l'Helminthe qu'il avait découvert et dont il avait prévu les ravages tomba dans un oubli presque complet.

Ce fut en 1871 que A. Schmidt vint l'en tirer en lui consacrant un intéressant travail [1] que les savants allemands paraissent avoir jugé trop sévèrement.

Des recherches de Schmidt date, en effet, la création du genre *Heterodera*. Schacht, Lieberkühn et Wagener avaient parfaitement apprécié la valeur taxinomique du parasite de la betterave; mais ils n'avaient pas cru devoir le dénommer génériquement, estimant sans doute que les documents dont ils pouvaient disposer étaient encore insuffisants.

Ne se trouvant plus arrêté par la même considération, Schmidt fonde le genre et lui donne le nom d'*Heterodera* qui n'était pas aussi nouveau qu'il le pensait, mais avait l'avantage de rappeler le singulier dimorphisme des deux sexes.

Le nom spécifique se trouvait tout indiqué et Schmidt ne fit que rendre à la mémoire de Schacht le légitime hommage qui lui était dû en lui dédiant le Nématode des betteraves.

Au point de vue anatomique, Schmidt montre l'importance de la coiffe céphalique et sa valeur comme caractère distinctif. Il tente de suivre, dans ses diverses phases, le curieux développement post-embryonnaire du ver; mais, trompé par les apparences, il croit à un enkystement du mâle, grave erreur qu'il ne sera pas seul à commettre et que nous retrouvons encore aujourd'hui dans les travaux les plus récents.

[1] A. Schmidt, in *Zeitschrift für Rübenzuckerindustrie*, 1871 et 1872.

Durant les années suivantes, le « Rubennematode » se trouve incidemment mentionné par Leuckart, Bütschli, Schneider, Stein, etc. Il est inutile de s'arrêter sur des citations d'autant moins dignes d'attention, que ces auteurs méconnaissent généralement de la façon la plus regrettable l'organisation et l'évolution de l'Helminthe.

En 1881, paraît un travail de J. Kühn [1] qui insiste sur les ravages toujours croissants de l'*Heterodera Schachtii*. Après avoir donné une longue liste des végétaux aux dépens desquels peut vivre l'Anguillule, il conseille de la combattre par l'emploi de *plantes-pièges*, ingénieux procédé qui n'a peut-être pas encore reçu toute l'extension qu'il mérite et sur lequel je reviendrai bientôt.

En lisant les ouvrages allemands on croirait volontiers que le parasite des betteraves est complètement inconnu en France et n'y a éveillé aucune attention. Or, dès 1882, M. Schribaux publiait un résumé des travaux de Kühn; peu après M. le professeur Aimé Girard entreprenait une longue et belle série de recherches sur l'action nocive de l'Helminthe dont je m'efforçais de faire connaître l'organisation et les divers modes de propagation.

Il nous est donc bien permis de rappeler la part qui revient à la science française dans l'ensemble des travaux consacrés à l'étude de l'*Heterodera Schachtii*; pour avoir achevé de résumer sa bibliographie, il ne reste plus qu'à mentionner la thèse inaugurale du docteur Strübell [2] publiée postérieurement à mes premières communications. Les recherches de cet observateur sont généralement assez exactes et l'on verra que nous nous rencontrons sur divers points, bien qu'il me soit impossible d'admettre toutes ses conclusions.

II. — HABITAT. — ACTION NOCIVE. — PLANTES-PIÈGES.

Loin de se montrer uniquement et constamment localisé sur la betterave, ainsi qu'on pourrait le croire d'après les noms vulgaires (Anguillule de la betterave, Trichine de la betterave, etc.) sous lesquels on le désigne, l'*Heterodera Schachtii* présente un habitat des plus variés : les choux, les céréales (blé, avoine, etc.), le colza, les navets, le cresson alénois, la navette, les épinards, les moutardes, les radis, etc., peuvent également l'héberger. La liste des hôtes est même impossible à dresser, car on la voit s'étendre avec les recherches dont l'Helminthe est l'objet.

On se tromperait gravement si l'on supposait que le parasitisme constituât pour lui une condition fatale et inéluctable; il peut également vivre d'une existence libre et j'ai pu ainsi l'étudier à ses divers âges dans la terre humide. Toutefois, il est possible que dans ce milieu la propagation de l'espèce se ralentisse, en raison d'une alimentation plus difficile et moins abondante; peut-être même, après quelques générations terricoles, le Nématode disparaîtrait-il complètement; dans tous les cas, on doit toujours se rappeler qu'il peut persister durant plusieurs mois dans une terre qui n'offre aucune trace apparente de végétation. Ainsi s'expliquent bien des insuccès, ainsi se justifient les réserves dont on doit s'entourer lorsqu'il s'agit d'apprécier tel procédé de destruction; les racines peuvent n'offrir aucun indice suspect, sans que cependant on soit en

[1] Jul. Kühn, *Untersuchungen über die Ursache der Rübenmüdigkeit* (*Bericht au das physiol. Laborat. d. land. des Institut zu Halle*, Heft 3, 1881).

[2] Adolf Strübell, *Untersuchungen über den Bau und die Entwicklung des Rübennematoden*, 1888.

droit d'affirmer l'absence de l'*Heterodera*, parfaitement apte à se développer dans la terre ambiante.

Lors même que le ver se trouve dans ses conditions normales d'existence, il n'est pas soumis à un parasitisme constant; au sortir de l'œuf, sous sa première forme de larve, il mène une vie absolument libre; c'est une Anguillule terricole en apparence, mais qui bientôt va aller demander le vivre et le couvert à une plante nourricière.

Dans ce nouveau milieu s'accompliront d'importantes métamorphoses, des mues complexes et différentes suivant les sexes. C'est dans les tissus de l'hôte et à ses dépens que s'effectue la croissance de l'Helminthe, qui puise amplement dans les liquides organiques du végétal tous les matériaux nécessaires à son évolution. Je dis nécessaires et non pas indispensables; l'exemple des *Heterodera* observés libres dans la terre et y subissant leurs diverses métamorphoses suffit à montrer que le ver peut se passer du concours de la plante; ce sont les réserves alimentaires emmagasinées dans les tissus de la larve qui subviennent alors aux besoins du développement.

Quelques auteurs, ayant rencontré des *Heterodera* ainsi libres dans la terre, avaient supposé qu'ils y avaient été enfouis avec des débris de racines, puis qu'ils y étaient tombés dans un état de vie latente semblable à celui que présente l'Anguillule du blé niellé, pour se ranimer comme elle lorsque la terre ambiante avait été arrosée ou humectée. Une telle interprétation est inexacte; l'expérience [1] montre que l'*Heterodera Schachtii*, loin d'être réviviscente comme le *Tylenchus tritici*, succombe au contraire dès qu'il est atteint par la dessiccation, lors même que celle-ci n'a été que de très courte durée. En réalité on est ici en présence d'un Nématode qui, normalement parasite durant la plus grande partie de son existence, peut également s'adapter à une vie libre.

Ainsi que j'aurai bientôt l'occasion de le montrer, il suffit de multiplier les sujets d'étude pour constater qu'il est impossible de diviser nettement les Nématodes en *libres* et en *parasites*. La transition est insensible entre les uns et les autres : les espèces libres dans la mer, dans l'eau douce, dans la terre humide nous conduisent à celles qui vivent dans la vase, dans les matières organiques en décomposition ou au milieu des excréments. Ces vers coprophages ou saprophytes ne diffèrent guère, comme station, de ceux qui habitent le gros intestin des Vertébrés, etc. Aussi certains Nématodes passent-ils successivement une partie de leur existence dans chacun de ces milieux. De même pour les Anguillules parasites des végétaux, que nous rencontrons souvent dans la terre ou dans les débris organiques, mêlés aux Leptodères, et autres types libres, rapprochements qui peuvent amener de graves erreurs de détermination; les personnes peu familiarisées avec les diagnoses helminthologiques se méprennent aisément, et de la manière la plus regrettable, sur la véritable nature des vers qu'elles observent au cours de leurs investigations.

Lorsqu'on examine des betteraves nématodées (ou « trichinées » suivant l'expression adoptée par quelques auteurs), on constate, souvent mais non toujours, d'importantes modifications dans l'aspect des feuilles : normalement colorées en vert foncé, elles passent au vert jaunâtre; elles deviennent moins brillantes et leur vitalité décroît rapidement. Le matin, elles se redressent tardivement; le soir, elles s'inclinent plus lentement qu'à l'état sain. Bientôt elles meurent.

[1] Voir le chapitre consacré à l'étude du développement post-embryonnaire et des divers états larvaires.

Ces altérations des feuilles s'observent parfois dès le commencement de juillet; généralement vers le milieu de ce mois; quelquefois seulement en août. Elles peuvent dans certains cas manquer ou passer inaperçues; aussi doit-on toujours s'éclairer par l'examen des racines, examen qui révèle les caractères suivants.

Le plus saillant, celui qui frappe tout d'abord, s'exprime par un véritable arrêt de développement : la racine nématodée atteint à peine le quart de la taille que présente une racine saine de même semaille.

Pour s'expliquer cette atrophie, il suffit de considérer les myriades de parasites qui se montrent à l'intérieur et à l'extérieur des radicelles. De place en place, celles-ci offrent de petits points blanchâtres, souvent innombrables, comparables à des citrons microscopiques et représentant autant de femelles gorgées d'œufs ou de larves.

Si l'on pratique des coupes transversales dans une telle racine, on y découvre des foyers de désagrégation et de décomposition qui s'étendent rapidement, pouvant même gagner bientôt toute la racine.

L'ensilage n'arrête pas la marche de l'helminthiasis; portées dans les silos, les racines tombent en pourriture, les larves qui s'échappent de leurs débris ou de la terre adhérente attaquent les racines saines et les infectent. En outre, les mères se trouvant alors dans des conditions particulièrement favorables à l'enkystement, les kystes bruns ne manqueront pas de perpétuer l'espèce au printemps suivant. Inutile d'ajouter que si les betteraves nématodées sont envoyées à la sucrerie, elles ne donneront qu'un très faible rendement.

Tels sont, en quelques mots, les symptômes principaux de la maladie vermineuse des betteraves, maladie qu'on attribua pendant longtemps à la fatigue du sol ou à l'épuisement de la potasse par les racines; aussi cherchait-on à la combattre par des labours profonds, par des engrais chimiques et surtout alcalins [1]. Ces moyens demeuraient naturellement inefficaces et l'on peut s'étonner qu'en présence de ces insuccès, en présence surtout des faits acquis à la science, certains agriculteurs persistent dans de telles pratiques fatalement stériles.

Suffirait-il, comme l'ont conseillé quelques auteurs, de renoncer momentanément à la culture des betteraves dans les localités contaminées? En modifiant, par crainte des Nématodes, un assolement où la betterave occupe souvent la première place, on diminuerait, généralement dans une proportion considérable, les revenus de l'exploitation sans amener aucun résultat utile. Il serait illusoire d'espérer faire ainsi disparaître l'*Heterodera*, puisque nous savons que c'est un parasite en quelque sorte cosmopolite; faute de betteraves, il s'attaque aux plantes les plus variées, les plus éloignées au point de vue botanique. J'ai vu, en 1887, une récolte de blé gravement compromise pour avoir été tentée sur une terre qui avait porté l'année précédente des betteraves nématodées.

Mais cette diversité même qui s'observe dans l'habitat de l'Helminthe ne fournirait-elle pas le moyen de l'atteindre? Le ver ne pourrait-il pas devenir victime de la voracité avec laquelle il se jette sur la plupart des végétaux mis à sa portée? Telles sont les questions que se sont posées les naturalistes et qui leur ont inspiré un mode de traitement digne d'attention : je veux parler de la méthode des *plantes-pièges*.

[1] Strübell, *op. cit.*

Kühn fut le premier à la préconiser et certes elle mériterait d'être plus constamment appliquée, car jusqu'ici elle semble de beaucoup la plus sûre et la plus efficace.

L'auteur allemand recommande de semer les plantes-pièges (*Fang-Pflanzen*) du mois d'avril au mois d'août, en faisant trois récoltes au moins; la première doit être arrachée cinq semaines après la levée; pour les deux autres, l'arrachage sera pratiqué trois ou quatre semaines après la levée.

Ces délais ne doivent pas être dépassés, car en attendant davantage, on laisserait aux larves le temps de subir leurs métamorphoses, les femelles fécondées donneraient naissance à des milliards de jeunes et la plante-piège n'aurait servi qu'à faciliter la propagation du parasite.

Lors de l'arrachage, il faut tout enlever; je ne saurais insister trop vivement sur la nécessité d'arracher, avec les plantes-pièges, toutes les plantes poussées spontanément et qui peuvent héberger l'Helminthe.

Le ver se fixant sur les racines, il faut avoir soin de ne pas les secouer; on recueille les plantes avec la terre adhérente dans des paniers doublés d'un prélart et l'on place le tout dans des voitures.

Kühn conseillait de renverser celles-ci sur des champs ou des prairies ne portant jamais de betteraves; je crois qu'il faut rigoureusement proscrire une telle pratique comme imprudente et dangereuse. S'il s'agit d'un champ, le Nématode attaquera les céréales, etc., qui pourront y être cultivées et l'on aura fait naître un nouveau foyer d'infection vermineuse. La maladie se propagera plus lentement s'il s'agit d'une prairie, mais elle y trouvera cependant des hôtes favorables au développement de l'Helminthe qui, plus ou moins promptement et grâce aux mille chances de propagation qui viennent journellement en aide aux parasites, ne tardera pas à infester de nouvelles cultures.

Il est donc indispensable de détruire toutes les plantes arrachées, en les soumettant à une incinération complète, en les traitant par la chaux vive, etc.

Lorsque le champ a été débarrassé de la première récolte de plantes-pièges, on le laboure aussitôt et on sème immédiatement la deuxième récolte; de même pour la troisième.

On doit recommander pour la première semaille les diverses variétés de choux cultivés et pour les deux autres la navette d'été. Il convient de les semer en lignes distantes de 10 à 15 centimètres et à raison de 28 à 32 kilogrammes par hectare.

Ainsi qu'on le comprendra bientôt en apprenant à connaître les mœurs de l'*Heterodera Schachtii*, il ne faut jamais limiter la culture des plantes-pièges aux points qui semblent localement attaqués. Le ver émigre facilement et on le trouve bientôt à 30 ou 40 mètres des limites de la *tache nématodée* qui s'étend ainsi avec une rapidité variable suivant les circonstances.

Cette méthode des plantes-pièges doit être tout particulièrement recommandée. Les frais qu'elle entraîne ne sont pas considérables; elle offre le grand avantage de ne comporter que des opérations faciles, journellement exécutées dans la pratique agricole; enfin elle assure à celle-ci tous les heureux effets d'une culture sidérale.

Quelques personnes avaient pensé qu'il suffirait de pratiquer une seule semaille de plantes-pièges, puis de labourer profondément, environ quatre semaines après la levée, sans arracher les plantes. On supposait que la racine ne pouvant désormais four-

nir aucun aliment aux larves, celles-ci se trouveraient arrêtées dans leur développement
et que la marche de l'helminthiasis serait fatalement, définitivement entravée.

Ainsi appliquée, la méthode serait incontestablement plus simple et moins dispen-
dieuse; le malheur est qu'elle n'aurait aucune efficacité réelle; sans doute, nombre de
larves succomberaient, atteintes par l'avulsion, l'enfouissement, etc., mais beaucoup
d'autres achèveraient leur évolution et deviendraient aptes à la reproduction.

En effet, la mise en œuvre des réserves alimentaires emmagasinées dans les tissus
du jeune ver dès sa sortie de l'œuf suffit à assurer son développement total. Cette
particularité, ignorée de Kühn et des autres naturalistes qui se sont occupés de l'Anguillule des betteraves, ne permet donc ni de se borner à une semaille, ni de sup-
primer l'arrachage, etc.

C'est seulement à la condition d'être intégralement et rigoureusement appliquée
que la méthode des plantes-pièges peut rendre de réels services [1]. Jusqu'ici elle semble
devoir être préférée aux divers procédés empiriques qui ont été proposés contre l'*Heterodera Schachtii* et dont les effets sont nuls ou très douteux.

Sans décourager aucun des essais tentés pour combattre l'Helminthe, il importe
surtout de poursuivre l'étude de ses mœurs et la recherche des ennemis qui peuvent
l'atteindre. Au cours de ma longue série d'observations, j'ai ainsi rencontré des larves
d'Insectes (Diptères Némocères) qui l'attaquent et se nourrissent de ses œufs; les kystes
bruns, qui représentent ses plus redoutables agents de propagation, sont également
attaqués par un Acarien (*Gamasus crassipes*) que j'ai figuré [2] et qui s'est montré, à diverses reprises, taraudant les parois du kyste et dévorant les œufs qui s'y trouvent contenus.

A mesure que les recherches s'étendront, nous verrons vraisemblablement se multiplier des observations analogues et nous pourrons chercher à mettre ces faits de
concurrence vitale au service de la lutte que nous avons à soutenir contre l'Anguillule
des betteraves.

III. — Méthodes d'examen et de recherches.

Les procédés d'investigation applicables à la recherche du parasite varient avec les
circonstances mêmes dans lesquelles cet examen doit être effectué.

I. Le cas le plus simple est celui dans lequel on se propose de rechercher le ver
sur des betteraves déjà levées et en voie de croissance.

Il faut alors arracher avec précaution quelques pieds [3], et examiner attentivement leurs radicelles; si l'helminthiasis sévit avec intensité, on y découvrira sans
peine des femelles ovifères, faciles à reconnaître : leur forme ovoïde, leur teinte blanchâtre les font distinguer à l'œil nu. Parfois on n'aura pu tout d'abord les découvrir
sur les radicelles, mais il aura suffi de laver celles-ci, puis d'observer à la loupe la

[1] Mon savant maître, M. le professeur Léon Le Fort, a pu juger récemment (1890) des excellents
effets obtenus à Halle par l'emploi de la méthode des plantes-pièges.
[2] Pl. IX, fig. 37.
[3] Suivant quelques observateurs l'examen des feuilles suffirait à faire reconnaître les pieds nématodés,
ces organes y présentant des taches jaunes ou brunes. J'ai pu souvent juger de l'inconstance de ce caractère,
aussi ne crois-je devoir lui accorder qu'une valeur secondaire.

terre précipitée des eaux de lavage et versée dans un cristallisoir ou dans une capsule à fond plat, pour apercevoir les femelles sous forme de petits points blanchâtres.

Si l'examen microscopique vient corroborer ces premiers résultats en montrant l'existence des œufs et des embryons, on pourra affirmer la présence de l'*Heterodera Schachtii*.

On ne devrait d'ailleurs pas conclure immédiatement à son absence, si les racines n'offraient pas les petits points blanchâtres qui viennent d'être indiqués. Il serait possible, en effet, que les femelles ne fussent pas arrivées à maturité ou qu'il n'y eu eût encore que quelques-unes ainsi développées. Les investigations doivent donc être étendues aux tissus de la racine et à la terre ambiante.

II. Pour rechercher l'*Heterodera Schachtii* dans les radicelles, il faut explorer celles-ci sous la loupe ou sous un très faible objectif. Si l'on y aperçoit quelque tubérosité semblable à celle que représente la figure 32 [1], on devra inciser lentement les tissus à ce niveau et l'on pourra trouver le Nématode à l'état de seconde larve ou de cocon. Il faudra l'isoler et en déterminer les caractères.

Les recherches deviennent donc un peu plus délicates. La meilleure méthode consiste à les poursuivre sous la loupe montée qui permet de reconnaître rapidement la présence des tubérosités, puis de les inciser. Cette dernière opération sera pratiquée avec un scalpel très fin ou mieux avec une aiguille à cataracte.

On peut également employer la méthode des coupes, en faisant des sections longitudinales dans les racines suspectes. Ici l'examen, présentant quelques difficultés, exigera une certaine habitude des observations micrographiques; souvent le ver glisse sous le rasoir et peut être méconnu, etc.

III. S'il s'agit de rechercher l'*Heterodera Schachtii* dans la terre, il faut prendre celle-ci par petites parcelles que l'on place dans autant de verres de montre en les délayant dans de l'eau.

Chaque verre de montre est successivement porté sous le microscope et examiné avec un faible grossissement $\left(\frac{\text{oc. 1}}{\text{obj. 2}}\text{Verick}\right)$. On distingue bientôt les Anguillules, soit qu'elles nagent dans l'eau, soit qu'elles déplacent par leurs mouvements les grains de sable, etc., au milieu desquels elles sont encore emprisonnées [2].

Il s'agit de saisir ces petits vers microscopiques, puis de les déterminer.

Parfois on est assez heureux pour enlever l'Helminthe à l'extrémité d'une aiguille courbe; mais, en général, sa capture exige des précautions particulières. Tantôt, inclinant lentement le verre de montre sur une lame porte-objet, on en fera tomber une goutte d'eau que l'on examinera aussitôt au microscope et qui souvent contiendra une ou plusieurs Anguillules. Tantôt on introduira une aiguille progressivement vers le point où se montrait le Nématode, puis on la portera au-dessus de la lame et on laissera tomber sur l'extrémité de l'aiguille une goutte d'eau qui entraînera l'animal.

Celui-ci pourra être conservé vivant dans une solution de sel marin à 0.30 p. 100.

[1] Pl. VII.

[2] Il suffit souvent d'ajouter une goutte de glycérine pour provoquer des mouvements de reptation qui décèlent l'Helminthe, là où tout d'abord on ne trouvait aucun indice de sa présence.

Si l'on veut ralentir ses mouvements, on ajoutera un peu de liquide cavitaire obtenu en ponctionnant l'abdomen d'une Écrevisse.

Quel que soit le procédé suivi pour isoler l'Helminthe, il faut le déterminer rigoureusement, car hors le cas de femelles ovifères, on peut être exposé aux plus graves méprises. Nombre de fois j'ai reçu des lettres me signalant la présence de l'*Heterodera Schachtii* dans telle ou telle contrée et accompagnées de préparations qui ne montraient que des Nématodes tout différents et inoffensifs, dont l'existence s'écoule librement dans la terre ou dans les matières organiques décomposées, sans être aucunement soumise au parasitisme.

En raison de leur abondance dans la terre mêlée aux radicelles, ces vers avaient fait croire à une helminthiasis particulièrement grave, tandis qu'en réalité ils ne possédaient aucune action nocive.

Je ne puis que répéter, à propos de l'*Heterodera Schachtii*, ce que je disais au sujet du *Tylenchus putrefaciens* : « Ces faits montrent avec quelle attention doivent être étudiées les maladies vermineuses des plantes : en attendant que les Anguillules parasites soient soumises à une sérieuse revision, qui permette d'établir l'exacte identité de certaines espèces dont l'autonomie semble douteuse, il est au moins indispensable de les distinguer soigneusement des Nématodes terricoles ou saprophytes [1]. »

Diverses particularités faciles à constater permettent d'ailleurs de différencier l'*Heterodera Schachtii* des Pélodères, Leptodères, etc. : ces Helminthes, surtout les terricoles, sont fort agiles, l'*Heterodera* se déplace au contraire assez lentement; les femelles des types libres offrent la forme cylindrique du Nématode classique et ne renferment qu'un petit nombre d'œufs; au contraire les femelles de notre parasite sont ovoïdes et remplies d'œufs.

Mais, pour établir l'identité du ver, il est indispensable de rechercher et de retrouver tous ses caractères particuliers en s'attachant surtout à l'observation de la coiffe céphalique et de l'aiguillon.

Malgré les variations que ces organes peuvent offrir chez l'*Heterodera Schachtii*, ils distinguent nettement ce genre de ceux avec lesquels on serait exposé à le confondre ; ils réclament donc une attention toute spéciale, j'y insisterai plus loin.

Durant toutes ces investigations, il est nécessaire de maintenir les Nématodes dans une quantité suffisante d'eau, la dessiccation les faisant périr rapidement et les déformant.

Quant on veut observer les organes internes, le mieux est de tuer l'Helminthe en le plaçant dans un mélange formé d'eau (1/3), de glycérine (2/3) et d'une trace d'acide acétique. Il est en général nécessaire, pour son étude complète, d'avoir recours aux méthodes de coloration au sujet desquelles je n'ai pas de conseils spéciaux à donner; ces recherches ne pourront être poursuivies que par des personnes déjà familiarisées avec la technique histologique.

IV. Il peut se faire qu'on ait à rechercher l'Helminthe sur des betteraves retirées au printemps des silos dans lesquels elles auront passé l'hiver. Ce sera surtout à l'état de kystes bruns que l'*Heterodera Schachtii* s'y observera; on placera chaque racine dans

---

[1] Joannes Chatin, *Des diverses Anguillules qui peuvent s'observer dans la maladie vermineuse de l'oignon* (*Comptes rendus de l'Académie des sciences*, 1ᵉʳ semestre 1888).

une cuvette de verre à moitié remplie d'eau; on l'y laissera plongée durant deux ou trois heures; puis on examinera la terre précipitée au fond et dans laquelle on devra rechercher la présence des kystes qui par leur forme ovoïde, leur coloration brunâtre et leur diamètre sensiblement constant, se distinguent aussitôt des grains de sable, etc.

V. Soit que l'on veuille s'éclairer sur l'état d'une terre suspecte, soit que l'on veuille suivre l'évolution de l'Helminthe, il peut être nécessaire de se livrer à des cultures ou plutôt à des élevages d'*Heterodera Schachtii*.

On place la terre, dans laquelle on a constaté la présence du parasite, dans des pots à fleurs, puis on y sème des betteraves, ou mieux encore (pour que l'expérience soit plus rapide) du cresson alénois, des navets, etc. On donne à ces semis les soins ordinaires en n'arrosant que modérément; après un laps de temps variant de quatre à sept semaines, on recherche sur les radicelles la présence des femelles ovoïdes [1], et l'on peut dès lors observer sous tous ses états, comme dans toutes les phases de son développement, le Nématode que vont faire connaître les chapitres suivants.

IV. — ZOOLOGIE.

En raison même du but spécial de ce travail, la zoologie ne devrait y occuper qu'une place secondaire et restreinte; mais si l'on se reporte à la constitution actuelle du groupe des Anguillules, si l'on considère ses frontières indécises et ses subdivisions sans cesse remaniées, on reconnaîtra la nécessité d'entrer à cet égard dans quelques développements.

Évidemment nous ne sommes plus au temps où Ehrenberg réunissait sous le nom d'Anguillules tous les êtres microscopiques d'aspect vermiforme : néanmoins ce terme conserve encore une acception beaucoup trop large et trop vague; la famille qu'il caractérise ne possède pas de limites vraiment naturelles. A notre époque où les affinités réelles s'affirment de mieux en mieux, où l'anatomie et l'embryologie se prêtent un concours de plus en plus fécond, on doit s'étonner de ne rencontrer ici que des progrès insignifiants : dès qu'on tente la moindre exploration, on trouve à chaque pas les traces de la plus déplorable confusion.

Porter la lumière dans ce chaos n'est pas chose facile et pour y parvenir, au moins dans la mesure possible, il est nécessaire de remonter aux premières divisions que Rudolphi et Diesing proposèrent d'établir dans la classe des Nématodes.

[1] Je me borne à mentionner l'expérience suivante pour montrer l'application et les résultats de cette méthode :

15 mai 1887. — Des betteraves, que M. Aimé Girard a bien voulu me remettre la veille et qui venaient d'être retirées du silo où elles avaient passé l'hiver, me présentent des kystes bruns. Elles sont placées, les unes intactes, les autres coupées en fragments, dans de la terre qui reçoit en même temps des graines de navet et qui est modérément arrosée. J'abandonne l'expérience à elle-même, en ayant soin d'arroser légèrement chaque jour.

6 juillet. — Les navets étant en pleine croissance, j'examine les radicelles qui offrent de nombreux *Heterodera Schachtii*; les femelles ovifères se voient çà et là, mais elles sont rares.

30 juillet. — Les racines sont complètement envahies, les femelles ovifères abondent.

Le résultat est encore plus démonstratif, plus rapidement appréciable si l'on opère avec des betteraves actuellement atteintes et non plus, comme dans le cas précédent, avec des Anguillules ayant hiverné, ce qui rend toujours l'expérience plus incertaine et plus lente.

On connaît ses caractères généraux, tels que les résument les plus élémentaires traités de zoologie : les Nématodes sont des vers cylindriques, allongés, fusiformes ou filiformes, non articulés mais fréquemment annelés, pourvus d'une bouche et d'un tube digestif.

D'une observation toujours très facile, celui-ci peut offrir un orifice anal ou, au contraire, en être dépourvu. On comprend toute l'importance d'un tel caractère différentiel et l'on s'explique comment les auteurs qui viennent d'être mentionnés l'avaient invoqué pour subdiviser les Nématodes en deux groupes primordiaux : les *Proctucha* et les *Aprocta*, suivant les dénominations de Diesing.

Les *Proctucha* [1] possèdent un anus; les *Aprocta* en sont privés. L'étendue de ces deux sous-classes est fort inégale, car les *Proctucha* renferment la presque totalité des Nématodes, tandis que les *Aprocta* ne sont représentés que par un petit nombre de genres.

Laissons de côté les *Aprocta* dans lesquels ne sauraient rentrer les Anguillules, toujours pourvues d'un orifice anal, et voyons comment Diesing va subdiviser la sous-classe des *Proctucha*.

Il la scinde en deux tribus :

1° Les *Hypophalli*;
2° Les *Acrophalli*.

Chez les premiers, l'appareil mâle est ventral et s'ouvre en avant de l'extrémité caudale; son ouverture est au contraire terminale chez les *Acrophalli*.

Les *Acrophalli* renferment peu de genres, mais n'en sont pas moins fort intéressants pour la zoologie médicale et vétérinaire; il suffit, en effet, de mentionner parmi eux les Strongles, la Trichine, etc.

Dans les *Hypophalli* se rangent des genres si nombreux qu'il est nécessaire de les grouper immédiatement en grandes familles : les Filarides, les Ascaridides, les Oxyurides, les Anguillulides.

Cette dernière n'est pas la moins vaste, car elle comprend nombre de Nématodes libres ou parasites. Un auteur étranger qui a récemment contribué à obscurcir de la façon la plus déplorable l'histoire des Anguillules a prétendu les différencier des autres *Hypophalli* par l'absence de tout parasitisme.

Pour ce naturaliste les *Hypophalli* devraient être subdivisés en *Parasita* (Filaires, Ascarides, etc.) et en *Anguillules*. Celles-ci seraient donc constamment indépendantes et libres? Nul n'ignore, au contraire, que les Anguillules les plus intéressantes le sont précisément en raison de leur parasitisme.

En réalité, il est impossible de fonder sur la considération des caractères biologiques aucun groupement des familles comprises dans la tribu des *Hypophalli*. Les Anguillules comprennent des types parasites et des types vivant d'une existence libre, soit dans les matières organiques décomposées, soit dans la terre humide, soit dans l'eau douce ou dans la mer, etc. Telle autre famille nous offre comme un reflet de cette adaptation à divers milieux.

Les Ascarides en fournissent un exemple aujourd'hui classique et singulièrement instructif à bien des égards. Dans ce groupe, se trouve une espèce, l'*Ascaris nigrovenosa*, qui présente successivement, dans son cycle évolutif, les deux genres de vie qui viennent d'être mentionnés : une génération libre donne naissance à une génération parasite

[1] Rudolphi leur réservait le nom de *Nématodes vrais*.

et ainsi de suite. Rien ne montre donc mieux l'inanité des vues exposées plus haut; quelques détails suffiront à l'établir.

L'*Ascaris nigrovenosa* Rud., dont plusieurs zoologistes contemporains ont assez justement proposé de faire le type d'un genre spécial, sous le nom de *Rhabdonema nigrovenosum*, vit en parasite dans les poumons des Grenouilles et des Crapauds. Tous les individus y présentent l'aspect de femelles; en réalité, ils sont hermaphrodites, leurs organes génitaux produisant des spermatozoïdes, puis des œufs. Les embryons éclosent dans l'utérus, gagnent l'intestin du Batracien et sont expulsés avec ses excréments dans la terre humide.

Ils y vivent librement, recherchant les matières organiques en décomposition et s'en nourrissant. Arrivés à l'état adulte, ces vers sont dioïques, mâles ou femelles. Beaucoup plus petits que le parasite des Batraciens, ils en diffèrent si notablement à tous les égards, que durant longtemps on les a regardés comme des Anguillules terricoles et saprophytes, appartenant au genre *Rhabditis* de Dujardin. Or, si l'on suit le développement de leurs œufs, on voit qu'ils éclosent dans le corps de la femelle, donnant naissance à des jeunes qui, après avoir dévoré les organes maternels, passent au dehors et vivent quelque temps dans l'eau ou la vase. Ingérés par les Batraciens, ils parviennent dans leurs poumons et acquièrent tous les caractères des Nématodes parasites signalés plus haut. Ainsi recommence le cycle évolutif de l'espèce qui présente un des plus remarquables exemples d'hétérogonie.

Ce n'est pas ici le lieu d'insister sur l'intérêt qui s'attache à cette forme spéciale de développement. Je n'ai cité le cas de l'*Ascaris nigrovenosa* que pour montrer chez la même espèce la succession régulière de deux formes, l'une parasite des animaux, l'autre terricole et saprophyte; on voit ainsi sur quelles erreurs repose le système qui divise les *Hypophalli* en *Parasita* et en *Anguillulidæ*. Une telle classification est indéfendable et l'on doit se borner actuellement à répartir les Hypophalli entre les grandes familles déjà mentionnées : Ascaridides, Filarides, Anguillulides.

Pour cette dernière famille, comme pour le groupe pris dans son ensemble, il serait impossible d'établir des subdivisions suivant le mode d'existence des Nématodes. Plusieurs espèces, qui vivent généralement libres dans la terre humide, deviennent parasites à l'occasion; le fait peut s'observer normalement dans la vie de la même Anguillule.

Si des espèces on passe aux genres, on voit que tel d'entre eux (*Dorylaimus*, etc.) comprend des Anguillules assez voisines au point de vue zoologique, mais très dissemblables quant à leur mode d'existence : les unes vivent librement dans la mer, dans l'eau douce, dans la vase, dans le fumier, dans les substances organiques décomposées, etc.; les autres vivent aux dépens des plantes, soit en ectoparasites, soit en endoparasites.

Mais à cet égard, comme par tous ses caractères, le genre *Heterodera* est un des mieux définis de tous ceux de la famille des Anguillulides, puisque les diverses espèces qu'il renferme sont essentiellement parasites des végétaux. Néanmoins cette diagnose biologique ne doit pas être prise dans un sens trop absolu; le parasitisme, ici encore, n'est pas fatal et indispensable. Le développement, pourtant très complexe, peut s'effectuer intégralement à l'état libre, dans la terre humide. Je dois être d'autant plus affirmatif sur ce point, que j'ai pu suivre toutes les phases de l'évolution chez des *Heterodera Schachtii* placés dans de semblables conditions.

On peut maintenant s'expliquer pourquoi tous les essais tentés, pour subdiviser la famille des Anguillulides en tribus caractérisées par le genre de vie, sont demeurés infructueux [1].

Comme je le disais précédemment, nous devons, dans l'état actuel de nos connaissances, nous attacher surtout à étudier chaque genre, soumettant ses diverses espèces à une rigoureuse analyse critique. Ce sera seulement lorsque cette tâche laborieuse aura été accomplie (elle exigera de longues années et de patientes recherches) que l'on pourra se hasarder à faire la synthèse des notions ainsi acquises, pour grouper ensuite les genres qui auront pu maintenir leur autonomie.

Certains genres (*Dorylaimus*, *Tylenchus*, etc.) constituent actuellement de vraies tribus, en raison du nombre des types qui s'y trouvent rangés; mais il est vraisemblable que, soumises à une minutieuse revision, ces espèces subiront d'importantes réductions, tandis que plusieurs genres fusionneront.

Les conséquences de cette revision, qu'on doit souhaiter aussi prochaine que possible, ne semblent pas devoir atteindre notablement le genre *Heterodera* et je ne saurais exprimer à son égard les réserves et les prévisions que je formulais, il y a quelques années, au sujet des *Tylenchus* [2].

Les caractères du genre sont ici tout spéciaux. La symétrie constante des deux parties de l'utérus [3] sépare nettement le type *Heterodera* du type *Tylenchus*, dont l'éloignent aussi plusieurs dispositions anatomiques. Le dimorphisme sexuel vient encore accentuer la dissemblance, affirmant l'autonomie d'un genre qui est aussi remarquable par son évolution que par sa biologie : les métamorphoses larvaires, la phase de cocon du mâle, la turgescence et l'enkystement de la femelle, sont des particularités trop saillantes pour être jamais méconnues; d'autre part, la tendance au parasitisme est plus marquée ici que chez les *Tylenchus* puisqu'elle s'observe dans les diverses espèces.

Celles-ci ne sont d'ailleurs pas nombreuses et tout fait prévoir qu'elles le deviendront de moins en moins.

On distingue actuellement trois espèces d'*Heterodera*; ce sont les suivantes :

1° *Heterodera Schachtii* Schmidt;
2° *Heterodera radicicola* Greeff;
3° *Heterodera javanica* Treub.

Les présentes recherches étant consacrées à l'étude de l'*Heterodera Schachtii*, il est inutile de retracer ses caractères qui seront exposés dans les différents chapitres de ce mémoire. Quelques mots suffiront à faire connaître les deux autres espèces.

[1] Eberth, *Untersuchungen über Nematoden*, 1863.
[2] Joannes Chatin, *Recherches sur l'Anguillule de l'oignon*, 1884, p. 43.
[3] Pl. II, fig. 10.

Entrevu primitivement par Greeff[1], l'*Heterodera radicicola* fut surtout étudié par C. Müller[2]. Cette Anguillule détermine la production de galles sur les racines de plusieurs plantes (*Dodartia*, *Musa*, *Clematis*, *Mulgidium*, etc.). Les Helminthes gallicoles signalés par MM. Jobert, Cornu et Licopoli semblent devoir être rapportés à cette espèce dont l'autonomie est très contestable.

Les caractères distinctifs que lui assigne C. Müller sont des plus insignifiants : 1° la partie inférieure serait plus arrondie; 2° l'aiguillon serait légèrement dissemblable; 3° l'extrémité terminale de la cuticule larvaire serait effilée chez le mâle.

Or la première et la troisième de ces particularités peuvent s'observer chez l'*Heterodera Schachtii*; quant à la seconde, elle est absolument secondaire, puisque nous voyons l'aiguillon différer chez le mâle et la femelle, chez la larve et l'adulte.

Resterait la production des galles; mais elle ne se rattache nullement à une spécificité zoologique et se trouve uniquement déterminée par les différences que présentent, au point de vue de l'irritabilité de leurs tissus, les différents végétaux. L'observation des *Tylenchus*, comme celle des *Heterodera*, est démonstrative à cet égard.

Les caractères anatomiques, l'enkystement de la femelle, les métamorphoses du futur mâle, tout permet de rapprocher ces deux espèces. Elles se confondent même dans leur habitat, puisque dans la longue liste des plantes sur lesquelles l'*Heterodera Schachtii* a été rencontré, on en trouve qui hébergeraient également l'*Heterodera radicicola*.

Il est difficile d'apprécier exactement la valeur de l'*Heterodera javanica*, les documents étant trop insuffisants pour en permettre l'étude critique; ils se résument en une note de Treub[3]. Cette Anguillule déterminerait dans les plantations de cannes à sucre la maladie dite *sereh-ziekte*, caractérisée surtout par des boursouflements dans le parenchyme des racines.

En résumé l'on voit que, contrairement à la plupart des autres types de la même famille, le genre *Heterodera* se trouve nettement défini par ses caractères extérieurs, par son anatomie, par ses phénomènes évolutifs. Quant aux trois espèces qu'il comprend actuellement, l'une d'elles (*H. javanica*) est à peine connue et échappe à toute discussion sérieuse, les deux autres semblent pouvoir être confondues en une seule (*H. Schachtii*) qui va précisément être étudiée ici dans son organisation et dans sa biologie.

V. — FORME EXTÉRIEURE DU CORPS. DIMORPHISME SEXUEL.

Le nom même des Nématodes (νεμα, *fil*, *cordelette*) suffit à rappeler leur forme générale, forme simple entre toutes, que chacun connaît, et qui demeure constante dans tout le groupe. Chez la plupart des genres, les dissemblances sexuelles ne se traduisent guère que par des différences dans la taille ou dans la conformation de la région caudale; il est rare d'observer entre les deux sexes un véritable dimorphisme, et

[1] Ph. Greeff, in *Sitzungsb. der Gesellschaft zur Beförderung der Naturwiss. zu Marburg*. Sitz., 3 déc. 1872.
[2] C. Müller, *Neue Helminthococcidion und deren Erzeuger*. Dissertation. Berlin, 1883.
[3] Treub, *Quelques mots sur les effets du parasitisme de l'Heterodera Javanica dans les racines de la Canne à sucre* (*Ann. du Jardin bot. de Buitenzorg*, VI).

jamais il n'est aussi complet que dans l'*Heterodera*, dont le nom est à cet égard parfaitement choisi.

Ici le dimorphisme est tellement accentué qu'il semble tout d'abord impossible de
rapporter à la même espèce des animaux aussi dissemblables.

En effet, le mâle seul conserve les traits classiques du Nématode; quant à la femelle adulte, ce n'est plus qu'une sorte de sac rempli d'œufs, comparable à un petit
citron blanchâtre, microscopique et fixé sur les racines de la plante [1].

Il est donc indispensable d'étudier successivement les deux sexes dans leurs caractères extérieurs.

Le mâle est long de o mm. 8 en moyenne; parfois, j'en ai observé qui atteignaient
1 millimètre, pouvant même dépasser légèrement cette taille. Strübell donne des
chiffres sensiblement identiques.

Le diamètre transversal se maintient égal dans toute l'étendue du ver, sauf aux
deux extrémités, qui revêtent un aspect spécial. Sur toute sa longueur, le mâle présente
une striation des plus régulières.

La tête porte une sorte de coiffe caractéristique et sur laquelle ont justement insisté
les observateurs allemands. D'origine tégumentaire, cette coiffe se trouve séparée du
corps par un bourrelet circulaire et sinueux. Vue d'en haut, elle montre une symétrie
radiaire due à l'orientation des six lamelles cuticulaires et chitinoïdes qui forment sa
charpente.

Morphologiquement, on peut rapprocher cette coiffe des lèvres qui se montrent si
fréquemment autour de la bouche dans un grand nombre de Nématodes. Physiolo-
giquement, il est probable qu'elle remplit ici un rôle adapté aux mœurs de l'Helminthe
et aux conditions biologiques qui lui sont imposées.

L'Anguillule y trouve un organe protecteur des plus efficaces durant les chemine-
ments qu'elle doit effectuer dans les profondeurs du sol pour parvenir jusqu'aux racines. Puis, lorsqu'il s'agit d'attaquer celles-ci, la coiffe fournit un point d'appui qui
facilite singulièrement le jeu du stylet. Strübell semble peu éloigné d'accepter cette
interprétation; je la crois d'autant plus admissible que la coiffe n'existe bien développée que dans les stades où l'*Heterodera* doit mener une vie libre et active (première
larve et mâle adulte).

L'extrémité caudale du mâle se rétrécit rapidement et se termine par une pointe
obtuse; elle est légèrement recourbée.

La femelle adulte diffère totalement du mâle. Celui-ci était allongé, cylindrique et
transparent; la femelle est courte, globuleuse et opaque. La striation si régulière et si
élégante du mâle est ici vaguement tracée, souvent même très contestable. On voit que
le dimorphisme est extrême, l'anatomie ne suffirait qu'imparfaitement à rapprocher
les deux sexes; l'ontologie seule permet de les rapporter au même type spécifique.

La longueur de la femelle adulte varie entre o mm. 8 et 1 mm. 3; sa largeur, entre
o mm. 5 et o mm. 9; elle tend ainsi vers la forme sphéroïdale.

Sa coloration varie du blanc au brun, en passant par le jaune pâle, le jaune foncé
et le bistre.

L'extrémité supérieure ne porte plus de coiffe; celle-ci existait dans la première

[1] Pl. VIII, fig. 34 et 35.

2

forme larvaire, elle s'est effacée lorsque la vie est devenue sédentaire. Mais on sait que dans la nature les différences sont rarement absolues, aussi ne doit-on pas s'étonner de trouver parfois des femelles offrant des rudiments ou des ébauches de coiffe qu'on ne saurait confondre avec les produits d'un exsudat péri-buccal dû à la coagulation des liquides végétaux auxquels l'aiguillon de l'*Heterodera* aurait donné issue.

À l'extrémité caudale de la femelle se montre souvent, mais non toujours, une expansion irrégulière dont l'importance a été singulièrement exagérée par Schmidt. Cet observateur l'avait considérée comme une poche à œufs (*Eiersack*). On peut effectivement y trouver des œufs, mais on reconnaît qu'ils ne sont aucunement contenus dans un sac spécial; la trame filamenteuse qui les rapproche ne représente qu'un produit vulvo-vaginal. Il est donc inexact de la décrire comme formant un organe particulier; le nom proposé par Schmidt doit d'autant moins être conservé qu'il serait de nature à faire naître de graves confusions.

VI. — TÉGUMENTS ET MUSCULATURE SOMATIQUE. SYSTÈME NERVEUX. CAVITÉ GÉNÉRALE.

Chez l'Anguillule de la betterave comme chez la plupart des Nématodes, il est impossible de séparer la description des téguments de celle du système musculaire qui contracte avec eux les connexions les plus intimes; elles s'affirment ici avec une extrême évidence.

Téguments. — On doit distinguer dans le système cutané de l'*Heterodera Schachtii* deux zones essentielles : l'une extérieure, la *cuticule*, l'autre interne, l'*épiderme* ou *hypoderme*. On ne saurait tenter d'augmenter le nombre de ces couches sans méconnaître les résultats de l'observation; Strübell semble s'être laissé entraîner sur ce point à quelque exagération.

Cuticule. — La cuticule offre des stries assez régulièrement espacées, mais moins nettement tracées chez la femelle que chez le mâle; parfois même la femelle peut ainsi paraître lisse.

On sait que la striation cuticulaire est très variable dans beaucoup d'espèces, où on l'a successivement admise, puis contestée; la Trichine en particulier a subi de semblables vicissitudes, et c'est en faisant usage du vert de méthyle que j'ai pu clore pour cet Helminthe un débat qui avait longtemps divisé les histologistes. À l'égard des Anguillules, nous retrouvons les mêmes divergences : les unes seraient absolument lisses; d'autres, comme l'Anguillule du blé niellé, seraient striées à l'état adulte, lisses à l'état larvaire. Suivant Strübell, l'Anguillule des betteraves ne serait striée que chez le mâle.

Je ne puis partager cette opinion, car j'ai nombre de préparations qui établissent nettement le contraire. D'ailleurs, Strübell indique dans sa figure 10 une annulation qui paraît bien voisine d'une striation; à la page 26, il mentionne sur la femelle des saillies se rapprochant en séries dentelées qui ressemblent beaucoup à la rayure du mâle (*die der Querstreifung beim Männchen dann sehr ähneln*). La divergence est donc assez légère au fond, puisqu'elle ne porte que sur une simple question d'interprétation.

L'épaisseur de la cuticule est peu considérable, sauf vers la tête, où cette couche prend la plus grande part à la formation de la coiffe céphalique et vers la queue, où elle constitue une sorte de gaine protectrice.

Les anneaux délimités par les stries circulaires mesurent en moyenne o mm. oo1; le carmin et le vert de méthyle colorent plus fortement la partie supérieure de la cuticule que sa partie profonde. Examinée par la face interne, celle-ci offre des lignes diversement orientées.

Épiderme. — L'épiderme, trop souvent encore désigné sous le nom d'*hypoderme*, présente un intérêt spécial, car il constitue la couche essentiellement vivante, active, fondamentale du tégument.

Évidemment, si l'on se borne à l'étudier chez un adulte, on éprouve de sérieuses difficultés pour apprécier exactement sa nature. On obtient cependant des notions précises en variant les procédés de recherches, et surtout en multipliant les sujets d'observation.

Lorsqu'on l'examine rapidement, l'épiderme se montre comme une couche mince, protoplasmique, semée de noyaux. Est-ce à dire qu'il faudrait admettre ici des «noyaux libres»? J'ai montré dans un autre travail [1] ce qu'il fallait penser d'une telle hypothèse; elle ne se défendrait pas mieux dans le cas actuel que pour les éléments nerveux, etc.

En effet, si l'on multiplie les recherches, on trouve toujours quelques individus sur lesquels les réactifs colorants permettent de délimiter autour de chaque noyau un petit territoire protoplasmique placé sous sa dépendance.

On comprend dès lors la vraie signification de l'épiderme : il est originellement cellulaire, mais peu à peu les limites des cellules s'effacent et les noyaux demeurent comme leurs derniers témoins [2].

La preuve en est encore dans d'autres faits : sur de jeunes larves, il est fréquent de voir l'épiderme revêtir un aspect franchement cellulaire. — L'étude des phénomènes qui s'observent chez les femelles en voie d'enkystement est également fort instructive sous ce point de vue. — Enfin, comme on le verra bientôt, la muqueuse intestinale est entièrement comparable, dans sa structure, au tégument général. Or, ainsi qu'on pourra le constater, son hypoderme figure tantôt une zone plasmatique et semée de noyaux, tantôt une couche cellulaire [3] dont les éléments se laissent isoler par simple macération et peuvent être étudiés dans leurs moindres détails [4].

On ne saurait donc conserver aucun doute sur la véritable nature de l'épiderme chez l'*Heterodera Schachtii*; il est permis de prévoir que l'étude des autres Nématodes conduira à des résultats analogues quand elle sera reprise avec la même méthode et en s'entourant de précautions analogues.

Champs latéraux et lignes médianes. — Il est impossible d'abandonner l'étude des

[1] Joannes Chatin, *Recherches sur les myélocytes des Invertébrés* (*Mémoires publiés par la Société philomathique à l'occasion de son Centenaire*, 1888).
[2] Ces noyaux sont assez gros, ovoïdes, souvent granuleux.
[3] Pl. 1, fig. 6.
[4] Pl. 1, fig. 7 et 8.

téguments, sans dire quelques mots des bourrelets longitudinaux qui résultent de leur épaississement.

Les bourrelets ou champs latéraux sont très appréciables et se suivent nettement chez le mâle, depuis la coiffe céphalique jusqu'à la queue. Chez la femelle ovifère, on ne peut guère les retrouver qu'aux deux extrémités du corps.

Les bourrelets médians, désignés sous les noms de *ligne médio-dorsale* et de *ligne médio-ventrale*, sont peu marqués chez le mâle et s'effacent chez la femelle, telle qu'elle vient d'être mentionnée.

Musculature somatique. — Intimement appliqués sur la couche profonde de l'épiderme, les muscles généraux forment un cylindre creux emboîté dans le cylindre cutané; on ferait peut-être mieux comprendre leurs relations en disant que ces deux systèmes ne forment dans leur ensemble qu'un cylindre circonscrivant la cavité générale. Jamais la conception du tube musculo-cutané des Nématodes n'a été plus exactement justifiée.

Les champs latéraux séparent la musculature en deux portions : l'une dorsale, l'autre ventrale; puis, les lignes médianes subdivisent les muscles dorsaux et ventraux en deux régions, l'une droite et l'autre gauche. Le système des muscles généraux se trouve ainsi réparti en quatre masses longitudinales.

Au point de vue histologique, les muscles sont constitués par des cellules fusiformes avec un protoplasma abondant et granuleux; le noyau est presque toujours facile à mettre en évidence.

Je juge inutile de rechercher dans quelle division Schneider eût pu ranger l'Anguillule de la betterave par la considération de son système musculaire; j'ai déjà eu l'occasion [1] de montrer l'inanité de ce malencontreux essai de classification, dont l'incohérence apparaîtrait ici une fois de plus, puisque l'*Heterodera Schachtii* devrait simultanément prendre place parmi les Platymiaires et parmi les Polymiaires !

Chez la femelle, la musculature est d'abord aussi développée que chez le mâle; mais, à mesure que les œufs se multiplient, on voit les couches musculaires subir une délamination de plus en plus complète et, lorsque la femelle est transformée en une sorte d'oothèque, on n'en trouve plus trace.

On comprend d'ailleurs comment la musculature peut alors disparaître : dans les conditions normales, c'est elle qui, déterminant les mouvements généraux du corps, permet à l'Anguillule de progresser rapidement; il n'en est plus de même chez la femelle gorgée d'œufs, sédentaire, pouvant même bientôt se transformer en une coque inerte. Les muscles somatiques deviennent dès lors sans usage et leur atrophie s'explique par les conditions biologiques.

Système nerveux. — On ne peut distinguer chez l'*Heterodera Schachtii* que la partie centrale du système nerveux. Elle se montre vers la région du bulbe pharyngien, sous l'aspect d'une petite bande entourant le canal œsophagien [2].

Les objectifs les plus puissants n'y font découvrir qu'un lacis filamenteux semé de corpuscules, tantôt arrondis et tantôt rameux qui sont probablement des cellules nerveuses. Il est impossible de suivre les nerfs émanant de ce centre.

[1] Joannes Chatin, *La Trichine et la Trichinose*, 1883.
[2] Pl. I, fig. 1, n; fig. 2, n; fig. 5, n. — Pl. II, fig. 9, n.

Si succinctes que soient ces notions, elles offrent néanmoins quelque intérêt en raison des dimensions microscopiques de l'Helminthe et du silence que les auteurs se servent à l'égard du système nerveux des Tylenchides, etc. J'ajouterai que j'ai pu souvent observer le centre nerveux chez des larves et même chez de très jeunes larves.

Cavité générale. — Limitée par le tube musculo-cutané, s'étendant depuis l'extrémité de la tête jusqu'à la queue, la cavité générale loge l'appareil digestif et l'appareil reproducteur. C'est dire que chez la femelle adulte elle disparaît presque complètement, d'abord devant l'énorme accroissement de l'intestin moyen, puis devant le rapide développement des œufs qui, refoulant l'appareil digestif, achèvent de faire disparaître la cavité somatique.

Même chez le mâle, celle-ci ne conserve que des proportions très limitées, se montrant çà et là comme une fente étroite dans laquelle se distinguent des granulations brunâtres ou réfringentes.

VII. — Appareil digestif et appareil excréteur.

Les nombreuses particularités que présente l'appareil digestif se manifestent déjà dans sa forme générale. Elle réflète en effet le singulier dimorphisme sexuel qui caractérise l'*Heterodera Schachtii* et rien n'est plus différent que l'aspect sous lequel elle se montre chez le mâle et chez la femelle.

L'appareil digestif du mâle est nettement tubuliforme, parcourant la cavité somatique en son milieu et dans toute son étendue [1], réunissant par conséquent toutes les dispositions qui sont propres à la généralité des Nématodes.

Au contraire, chez la femelle adulte, ce n'est plus qu'un sac énorme et ovoïde, déformant et distendant la cavité somatique [2] jusqu'au moment où l'appareil génital rempli d'œufs viendra le comprimer et l'effacer.

Quelles régions doit-on distinguer dans cet appareil digestif? Je n'imiterai pas Strübell qui, s'inspirant de l'organisation des vertébrés, veut retrouver ici leur œsophage, leur estomac, etc., donnant à ces termes des acceptions inadmissibles à l'égard d'une Anguillule.

Une seule division me semble rationnelle; elle sépare le tube digestif en trois grandes portions:

1° Intestin initial;
2° Intestin moyen;
3° Intestin terminal.

C'est ainsi que je décrirai l'ensemble de l'appareil, tout en accordant à certaines parties secondaires l'attention qu'elles méritent, lorsqu'elles acquièrent une importance particulière; cette considération s'applique surtout à l'intestin initial, comme on pourra bientôt le constater.

[1] Pl. I, fig. 1.
[2] Pl. II, fig. 9.

Au point de vue histologique, la paroi intestinale rappelle assez exactement le tégument général. On peut la regarder comme formée par les couches suivantes :

1° La zone cuticulaire;
2° La couche épithéliale ou hypodermique;
3° La couche conjonctivo-musculaire.

En traitant du tégument général, j'ai déjà eu l'occasion d'insister sur la valeur et la constitution de ces couches; aussi crois-je inutile d'y revenir actuellement. C'est avec la description des différentes parties du système digestif que devront être signalées les modifications que subissent les diverses zones pariétales afin de s'adapter aux fonctions locales.

I. *Intestin initial.* — Ainsi que je le faisais pressentir au début de ce chapitre, l'intestin initial offre ici une assez grande complexité. Pour être assuré de n'omettre dans son étude aucune disposition importante, on doit y distinguer quatre parties principales :

1° Le vestibule et l'aiguillon;
2° Le canal pharyngien et l'organe adénoïde;
3° Le bulbe pharyngien;
4° Le canal œsophagien.

Vestibule [1]. — S'ouvrant au centre de la coiffe céphalique, la bouche donne accès dans le vestibule qui n'est pas, en quelque sorte, partie intégrante du tube digestif, car il représente essentiellement la cavité destinée à loger l'aiguillon.

La paroi qui limite le vestibule offre une cuticule très développée; l'hypoderme y est difficile à étudier, les coupes colorées le laissant à peine distinguer comme une mince couche granuleuse.

Cette paroi s'infléchit progressivement pour donner au vestibule un contour arrondi. Chez la femelle elle peut se déformer en raison de l'énorme accroissement de l'intestin moyen, puis de l'appareil génital. Une telle déformation n'a d'ailleurs pas de graves conséquences physiologiques, le rôle de l'aiguillon étant assez secondaire chez la femelle arrivée à cette période de son évolution.

Aiguillon ou stylet [2]. — Par ses caractères anatomiques, par ses variations morphologiques et par son mode de fonctionnement, l'aiguillon réclame une attention toute spéciale [3].

Si on l'examine chez un mâle adulte [4], on lui reconnaît immédiatement deux parties : une lame et une base ou apophyse; l'ensemble mesure en longueur o mm. 029. Ce chiffre représente la moyenne des mensurations opérées sur trente mâles.

L'extrémité antérieure ou libre du stylet est primitivement acérée, mais elle peut s'émousser, s'ébrécher, devenir irrégulière ou arrondie, etc.

[1] Pl. I, fig. 1 et 2, v. — Pl. II, fig. 9, v.
[2] Pl. I, fig. 1, 2 et fig. 2, s. — Pl. II, fig. 9, s, fig. 11 et 12.
[3] Joannes Chatin, *Sur l'aiguillon de l'Heterodera Schachtii* (*Comptes rendus de l'Académie des sciences*, 1891). — Id., *Du fonctionnement de l'aiguillon chez l'Heterodera* (*Bulletin de la Société philomathique*, 1891).
[4] Pl. II, fig. 11.

La lame [1] est plate dans sa partie supérieure, triangulaire dans sa partie inférieure où elle se continue avec l'apophyse.

Celle-ci [2] est essentiellement formée de trois saillies au-dessous desquelles le stylet se termine par une petite tige prismatique. Les saillies sont destinées à des insertions musculaires qui vont être bientôt mentionnées.

Le stylet est de texture chitineuse, brunâtre, très élastique, pliant sans se rompre lorsqu'il se heurte à des corps durs et résistants.

Il est percé d'un canal axile qui se distingue sur les coupes transversales. On peut aisément en reconnaître l'existence en suivant une autre méthode qui consiste à plonger l'animal vivant dans une solution colorée : on la voit suivre le canal central de l'aiguillon pour gagner le tube digestif.

L'appareil musculaire [3] qui fait mouvoir l'organe est assez complexe, car il comprend des muscles protracteurs et des muscles rétracteurs.

Les muscles protracteurs [4] prennent leur insertion supérieure latéralement au-dessous de la coiffe céphalique et leur insertion inférieure sur l'apophyse; en se contractant ils entraînent donc le stylet vers la bouche.

Les muscles rétracteurs [5] prennent leur insertion supérieure sur la partie moyenne de la lame et leur insertion inférieure sur la paroi somatique latérale; ils interviennent pour ramener le stylet de dehors en dedans.

Il résulte de ces dispositions que le stylet ne peut que partiellement venir faire saillie au dehors; mais si l'on réfléchit qu'il agit à la façon d'un trocart, on reconnaît que cette particularité n'entrave nullement son fonctionnement. Elle présente même le double avantage de donner plus de force au stylet et de diminuer pour lui les chances de rupture.

Si l'on compare maintenant le stylet de la femelle adulte [6] à celui qui vient d'être décrit chez le mâle, on constate entre eux de nombreuses différences.

La lame [7] conserve à peu près le même aspect dans sa partie supérieure [8], il n'en est plus de même pour sa portion inférieure : chez le mâle, on y distinguait seulement trois arêtes saillantes; ici, on en compte six.

Cette dissemblance est déterminée par une modification qu'offre l'apophyse [9] : les trois saillies indiquées chez le mâle sont dédoublées ou, pour parler plus exactement, chacune d'elles est bifide. Or cette bifidité se prolongeant sur la partie inférieure de la lame [10], on s'explique aisément l'apparence nouvelle qu'elle présente.

Le stylet de la femelle est plus petit que celui du mâle; il ne mesure que o mm. 027. Les muscles sont aussi moins puissants.

Le rôle de l'aiguillon est, en effet, plus actif et plus étendu chez le mâle; en dehors

[1] Pl. II, fig. 11, l.
[2] Pl. II, fig. 11, a.
[3] Pl. I, fig. 1 et 2.
[4] Pl. I, fig. 1, m', et fig. 2, m'.
[5] Pl. I, fig. 1, m, et fig. 2, m.
[6] Pl. II, fig. 9, s; fig. 12.
[7] Pl. II, fig. 12, l.
[8] En outre, la partie moyenne du stylet porte fréquemment chez le mâle un petit renflement qui est beaucoup plus rare sur l'aiguillon de la femelle.
[9] Pl. II, fig. 12, a.
[10] Pl. II, fig. 12, l.

du concours qu'il apporte à l'alimentation, il doit intervenir d'une façon toute spéciale durant l'une des phases les plus importantes de l'évolution.

Ainsi qu'on le verra ultérieurement, l'état adulte ne s'acquiert, dans les conditions normales, que pendant le stage accompli par l'Helminthe dans la plante nourricière; c'est là, vivant en parasite, qu'il atteint son complet développement, quel que soit son sexe. Mais ce qui diffère, c'est la manière dont s'accomplit l'exode de l'Helminthe lorsqu'il émigre de la betterave pour gagner la terre ambiante où l'accouplement doit avoir lieu.

La femelle demeure passive, ce sont les tissus végétaux qui se brisent pour lui livrer passage : l'énorme accroissement du parasite devenu sphéroïdal les ayant distendus progressivement, ils cèdent alors sous cette pression à laquelle ils ne peuvent plus résister.

Pour le mâle, l'émigration est active; c'est lui qui se fraye un passage à travers l'écorce en la perforant par le choc répété de son aiguillon dont on s'explique dès lors la puissance.

Des considérations analogues permettent de se rendre compte des dissemblances qui s'observent entre la première larve et la seconde larve, comparées dans leurs aiguillons. Chez la première, éminemment agile, vivant librement dans la terre et devant plus tard pénétrer dans la plante où s'opèrera sa métamorphose, l'aiguillon est conformé sensiblement comme chez le mâle adulte. Il est, au contraire, plus faible dans la seconde forme larvaire dont l'existence est sédentaire et parasite.

Ces renouvellements successifs de l'aiguillon ne sauraient surprendre : d'origine essentiellement épithélique, il suit le sort de la cuticule et l'accompagne dans les mues auxquelles elle est soumise durant les diverses et si curieuses métamorphoses de l'*Heterodera Schachtii*.

Un organe qui offre de telles variations suivant les sexes et suivant les divers stades de l'évolution ne peut évidemment pas être invoqué comme spécifique. Aussi peut-on douter de la valeur taxinomique de l'*Heterodera radicicola* : C. Müller[1] a créé cette espèce en invoquant de légères différences entre son aiguillon et celui de l'*H. Schachtii*; or les particularités auxquelles il fait allusion en rapprochant singulièrement de certaines des formes qui viennent d'être décrites, l'autonomie de cette espèce semble contestable et il est permis de prévoir qu'elle est destinée à se confondre tôt ou tard avec l'*H. Schachtii*.

Canal pharyngien[2]. — Le conduit pharyngien débute immédiatement en arrière du vestibule et pourrait être décrit comme la première portion du tube digestif proprement dit.

Cylindrique et allongé, dessinant de légères sinuosités dans la région subcéphalique du Nématode, il montre une cavité centrale tubuliforme et rendue étroite par suite de l'épaisseur des parois qui la limitent.

Celles-ci sont surtout fournies par la couche hypodermique très développée. Elle n'offre pas encore ici l'aspect nettement épithélial qu'on devra lui reconnaître au niveau de l'intestin moyen, mais cependant elle n'est pas aussi vaguement constituée que

[1] C. Müller, *loc. cit.*
[2] Pl. I, fig. 1 et 2, *c p.* — Pl. II, fig. 9, *c p.*

semblent l'admettre quelques auteurs qui la représentent comme une gangue plasmique semée de noyaux.

En examinant attentivement ces derniers on arrive souvent à délimiter des territoires protoplasmiques qui leur sont respectivement annexés et qui représentent autant de corps cellulaires. La safranine, l'hématoxyline, etc., permettent d'obtenir des préparations très démonstratives sous ce point de vue et l'on voit ainsi s'esquisser une tendance dont l'intérêt n'échappera à aucun histologiste.

Organe adénoïde [1]. — C'est dans la cavité du conduit pharyngien que vient déboucher le canal vecteur d'un organe qui est probablement une glande, mais que je me borne à décrire sous le nom d'*organe adénoïde*, divers points restant douteux dans sa structure. Si cet organe est réellement glandulaire, quelles seront ses fonctions? Peut-on le considérer comme une glande salivaire analogue à celles qui s'observent chez quelques Nématodes? Ce rapprochement me semblerait difficilement admissible, et j'y verrais plutôt une glande dont la sécrétion aurait pour but de lubrifier les parois de la cavité dans laquelle se meut le stylet et d'assurer ainsi les conditions les plus favorables à son fonctionnement.

Dans l'état actuel de nos connaissances, on doit surtout se borner à insister sur la situation et les rapports de cet organe qui existe chez le mâle comme chez la femelle.

Certains individus montrent l'organe adénoïde nettement dédoublé en deux moitiés tantôt égales, tantôt inégales. J'ai figuré cette remarquable disposition [2] : elle semble avoir échappé à tous les observateurs qui ont étudié l'*Heterodera Schachtii*.

Avant d'abandonner le conduit pharyngien, je dois rappeler que son aspect change profondément chez la femelle adulte : il s'y montre très court, tandis que chez le mâle également adulte, il est sinueux et allongé.

Bulbe pharyngien [3]. — Dans une observation, même superficielle, le bulbe pharyngien se distingue aussitôt des autres parties du tube digestif par sa forme arrondie. Sa structure achève de le caractériser, ainsi qu'on va pouvoir en juger.

Quand on examine à ce niveau la muqueuse intestinale, on reconnaît que l'épithélium ou hypoderme est médiocrement développé; la cuticule, au contraire, est plus accentuée et notablement indurée; mais ces deux couches s'effacent devant l'importance acquise par la musculature.

Les couches musculaires forment ici une masse considérable qui permet au bulbe de se contracter énergiquement et de fonctionner ainsi suivant le rôle qui lui est assigné.

Quel est ce rôle? La plupart des observateurs qui ont étudié l'*Heterodera Schachtii* décrivent cet organe comme un « gésier » ou « estomac broyeur ».

Notre Anguillule n'est pas le seul Nématode à l'égard duquel on ait commis une pareille erreur. Sans doute, l'aspect général du bulbe, l'énorme accroissement de sa musculature et de sa couche cuticulaire peuvent faire naître une pareille conception; il suffit d'observer le mode de fonctionnement pour l'abandonner aussitôt. En réalité, cette partie du canal intestinal représente non pas un appareil de mastication, mais

[1] Pl. I, fig. 1, *g* ; fig. 2, *g* ; fig. 3, *g*.
[2] Pl. I, fig. 2, *g*.
[3] Pl. I, fig. 1, *b p*; fig. 2, *b p*. — Pl. II, fig. 9, *b p*.

un simple organe de succion, destiné à déterminer l'aspiration des liquides dont se nourrit le ver. En plaçant celui-ci dans une solution colorée, on peut s'en rendre aisément compte et je suis certain que tout naturaliste qui voudra bien répéter cette expérience se déclarera convaincu.

Canal œsophagien[1]. — La dernière partie de l'intestin initial est relativement courte. D'abord rétrécie au-dessous du bulbe, elle s'élargit assez rapidement pour acquérir bientôt un diamètre égal à celui de l'intestin moyen qui lui fait suite.

De structure surtout membraneuse, elle montre une couche épithéliale ou hypodermique constituée sensiblement comme celle du canal pharyngien. Les noyaux y sont disposés de même et l'on parvient souvent à délimiter autour de chacun d'eux une petite aire protoplasmique.

Intestin moyen [2]. — L'intestin moyen offrant chez le mâle un diamètre assez peu différent de celui du canal œsophagien, l'étude extérieure et l'examen purement anatomique ne suffiraient pas à les faire distinguer. L'histologie permet seule de déterminer leur limite; elle la trace même de la façon la plus rigoureuse.

La cuticule forme une mince zone poreuse (ce caractère ne peut être observé qu'avec un objectif à immersion).

Quant à l'hypoderme, assez effacé jusqu'ici, il acquiert une réelle prééminence, affirmant sa nature épithéliale.

Ce n'est plus une couche plasmatique, dans laquelle les cellules difficiles à reconnaître n'étaient indiquées que par leurs noyaux; c'est une couche franchement cellulaire dont les éléments, normalement constitués, se prêtent à d'instructives observations.

De forme prismatique ou cylindrique, ces cellules épithéliales[3] offrent une base sinueuse et déchiquetée[4], comme on peut s'en convaincre en laissant macérer l'intestin moyen dans l'alcool au tiers.

La partie supérieure porte la cuticule [5]; celle-ci, toujours très mince, peut même manquer, la cellule n'étant alors limitée supérieurement que par une ébauche de plateau [6].

Le noyau est de dimensions moyennes, tantôt clair et réfringent [7], tantôt granuleux [8]; il occupe souvent une position excentrique, se trouvant placé dans le voisinage de la face supérieure de la cellule.

Dans le corps cellulaire se voient de fines granulations incolores, puis des granules plus gros, brunâtres ou jaunâtres [9]. On y trouve aussi, mais moins souvent, des gouttelettes brillantes, d'aspect adipeux.

On a désigné ces éléments sous le nom de *cellules hépatiques*, suivant une terminologie appliquée à la plupart des Invertébrés et qui devrait être abandonnée, car elle est presque toujours impossible à justifier.

---

[1] Pl. I, fig. 2, *c œ*; fig. 5, *c œ*.
[2] Pl. I, fig. 1, *i m*; fig. 2, *i m*.
[3] Pl. I, fig. 6, 7, 8.
[4] Pl. I, fig. 6, *b*; 7, *b*; 8, *b*.
[5] Pl. I, fig. 6, *c*.

[6] Pl. I, fig. 7 et 8, *p*.
[7] Pl. I, fig. 6, *n*.
[8] Pl. I, fig. 7 et 8, *n*.
[9] Pl. I, fig. 7 et 8, *g*.

En ce qui concerne l'*Heterodera Schachtii*, je repousse absolument une telle assimilation; rien ne saurait la faire admettre. Que ces cellules concourrent à assurer la digestion, un tel rôle est vraisemblable; quant à leur reconnaître la fonction biliaire, c'est une pure hypothèse que nulle démonstration ne vient appuyer. Doit-on même y localiser la formation de certains ferments? J'en doute d'autant plus que le réactif de Neussbaum ne m'a donné que des résultats négatifs.

Il est plus instructif d'étudier les cellules au point de vue histologique et histogénétique.

Pour l'histologie, elles offrent un double intérêt. D'une part, elles nous aident à comprendre la structure du tégument dont l'épiderme montre si difficilement des cellules franchement distinctes et limitées. D'autre part, si l'on compare la texture de la muqueuse intestinale prise à ce niveau et sur telle autre partie de l'appareil, comme le bulbe pharyngien, on arrive aisément à comprendre la nature des modifications que la paroi digestive doit subir pour s'adapter successivement aux divers rôles qui lui incombent.

Pour l'histogénèse, les résultats sont encore plus dignes d'attention. En raison des mues auxquelles est soumis l'Helminthe, son épithélium digestif est dans un état presque continu de desquamation et de rénovation; aussi peut-on y suivre l'évolution des cellules épithéliales dans toutes ses phases essentielles. Les faibles dimensions de l'animal sont ici largement compensées par l'état de prolifération qui règne presque constamment en raison des circonstances auxquelles il vient d'être fait allusion.

L'épithélium repose sur une zone conjonctive claire et résistante qui forme comme la « tunique propre » de la muqueuse. Une couche plasmatique la double intérieurement, c'est-à-dire du côté qui regarde la lumière de l'intestin.

Dans cette couche plasmatique se distinguent de nombreux noyaux que l'on voit fréquemment se diviser; puis, autour de chacun des jeunes noyaux, se dessine un petit territoire protoplasmique qui devient parfois une cellule nettement limitée.

La cellule grandit, subit une sorte de mouvement ascensionnel, acquiert ses caractères adultes et disparaît plus ou moins promptement pour être remplacée par un jeune élément soumis à la même évolution.

Comment s'opère la partition nucléaire? Doit-on la rapporter au mode direct ou au mode kariokynétique? Au début de mes recherches, j'aurais été porté à admettre uniquement la division directe; depuis lors j'ai vu des figures de kariokynèse et je pense que les deux procédés peuvent se trouver mis en œuvre ici comme chez beaucoup d'autres Invertébrés.

Le fait important sur lequel j'insiste, c'est la genèse très nette de ces cellules dans la couche inférieure et indifférente, en apparence, qui recouvre la « tunique propre ». Cette zone n'est nullement une zone glandulaire, comme on l'a hâtivement décrite. Les prétendues glandules sont en réalité de jeunes cellules, et rarement on peut aussi bien suivre l'évolution de l'élément épithélial; à cet égard, l'étude de l'*Heterodera Schachtii* jette une vive lumière sur un chapitre encore assez obscur et confus de l'anatomie générale.

Chez la femelle [1] l'intestin se montre sous une forme toute différente, car il se dilate

[1] Pl. II, fig. 9, *im.*

en un énorme sac qui remplit presque totalement la cavité somatique jusqu'au moment où l'appareil génital, distendu par les œufs, viendra progressivement le comprimer.

La structure est la même que chez le mâle; mais l'épithélium s'y montre constitué d'une façon moins parfaite, moins régulière. Les cellules y sont moins individualisées; dans son ensemble, cette couche représente comme un état intermédiaire, entre la structure qui s'observe dans le canal pharyngien et celle qui se rencontre dans l'intestin moyen du mâle, nouvelles preuves à l'appui des considérations qui viennent d'être développées.

Intestin terminal. — Toujours très court, qu'on l'examine sur un mâle ou sur une femelle, l'intestin terminal suit un trajet oblique pour se diriger vers l'orifice anal.

On sait que celui-ci est disposé d'une manière différente dans les deux sexes. Chez la femelle, l'anus est visible à la face dorsale, sur laquelle il se trouve reporté par suite du singulier déplacement déjà mentionné et qui détermine ici une particularité exceptionnelle dans la classe des Nématodes. Chez le mâle, l'anus n'est plus aussi extérieur, il s'ouvre au fond du cloaque qui est commun à l'appareil génital et à l'appareil digestif.

Au point de vue histologique, l'intestin terminal est remarquable par le faible développement de sa couche hypodermique. La cuticule, au contraire, est assez épaisse.

Appareil excréteur. — En raison des très faibles dimensions de l'*Heterodera Schachtii*, on comprend que l'étude de l'appareil excréteur y soit difficile, même en combinant l'examen par transparence avec la méthode des coupes colorées et avec la compression.

Disposé en manière d'entonnoir, le pore excréteur [1] s'ouvre sur la ligne médiane du corps, à la face ventrale de celui-ci, un peu au-dessous du bulbe pharyngien. Cette situation varie d'ailleurs plus ou moins suivant les différentes périodes de l'évolution.

Du pore excréteur part un conduit qui, après s'être incurvé, se rapproche de l'intestin, puis gagne la région latérale.

Avec les plus forts objectifs, on ne distingue dans l'intérieur de ce système qu'un liquide clair, rarement granuleux.

VIII. — APPAREIL REPRODUCTEUR.

L'appareil reproducteur de l'*Heterodera Schachtii* est très développé, ainsi qu'on l'observe dans la plupart des Nématodes, surtout chez celles de leurs espèces qui sont parasites.

Assez différent dans les deux sexes, il doit être étudié successivement chez le mâle et chez la femelle.

Appareil mâle [2]. — Tout en atteignant un grand développement, tout en pouvant même envahir une notable étendue de la cavité générale, l'appareil mâle offre cependant une conformation assez simple.

On peut, en effet, le décrire comme un long cœcum [3] dont l'extrémité fermée

[1] Pl. I, fig. 1, *p e*; fig. 2, *p e*; fig. 4, *p e*. — Pl. II, fig. 9, *p e*.
[2] Pl. I, fig. 1 et 2.
[3] Pl. I, fig. 1 et 2, *t*.

serait tournée vers la région céphalique du ver, et dont l'autre extrémité viendrait s'ouvrir dans la région caudale. A la vérité, il en est ainsi chez beaucoup de Nématodes, mais il est d'autant plus nécessaire d'insister sur ces dispositions qu'il s'agit ici d'une Anguillule; or on sait que chez plusieurs d'entre elles, spécialement dans le genre *Dorylaimus*, le tube sexuel subit un dédoublement qu'on aurait pu s'attendre à retrouver chez l'*Heterodera* et qui, en réalité, n'y existe pas.

En dehors de sa partie inférieure qui se rétrécit brusquement, ce tube offre presque partout le même diamètre. La partie étroite et inférieure, d'ailleurs très courte, peut être assimilée à un canal déférent; quant au reste de l'organe, il semble devoir être regardé comme formant un long testicule, sa structure et son contenu conservant sensiblement les mêmes caractères sur toute son étendue.

Limité par une mince membrane extérieure, le tube est intérieurement bordé d'un épithélium assez régulier. Les cellules de cet épithélium sont allongées, aplaties, à protoplasma granuleux et à noyau peu développé. Elles s'élargissent vers la portion inférieure du tube testiculaire.

Dans la partie supérieure ou cœcale de celui-ci se forme le sperme.

En examinant cette région, on y distingue (surtout par l'emploi du compresseur combiné avec l'action des réactifs colorants) un véritable rachis constitué par une colonne plasmatique semée de nombreux noyaux.

Sur ce rachis, se montrent les cellules spermatiques. Leur multiplication est rapide et permet bientôt d'observer les spermatozoïdes, dont le diamètre moyen est égal à o mm. 0o36 [1].

Il est peu de groupes zoologiques dans lesquels les spermatozoïdes offrent une variabilité comparable à celle qu'ils présentent chez les Nématodes, où ils sont tantôt arrondis, tantôt pyriformes, tantôt amiboïdes, etc.

C'est sous le dernier de ces états que ces éléments se présentent chez l'*Heterodera Schachtii*.

Toutefois, le spermatozoïde ne revêt pas immédiatement la forme amiboïde, car dans les premiers stades de son développement, il est d'abord sphéroïdal, avec un protoplasma hyalin et un noyau réfringent. Souvent même, il conserve cet aspect dans toutes les parties de l'appareil mâle, et c'est seulement après l'accouplement, lorsqu'il a été transporté dans l'appareil femelle, que ses pseudopodes entrent en jeu, le faisant passer de la forme arrondie à l'état amiboïde.

Les pseudopodes sont souvent plus longs que le corps même dont ils émanent; tantôt larges, tantôt grêles, ils sont parfois sinueux ou moniliformes. Dans certains cas, ils rentrent complètement dans le protoplasma somatique du spermatozoïde, qui semble revenu à la forme sphéroïdale, puis ils s'allongent de nouveau brusquement.

Il est facile de comprendre l'importance de ces mouvements : ils permettent aux spermatozoïdes de progresser dans l'intérieur du vagin et de l'utérus, pour marcher à la rencontre des œufs qu'ils doivent féconder.

Je crois inutile d'insister plus longuement sur le jeu de ces pseudopodes, dont le fonctionnement a été bien décrit par Strubell; je ne pourrai que confirmer les détails dans lesquels il est entré à leur sujet, et qui témoignent d'une réelle habileté d'observation.

[1] On doit les étudier de préférence dans le canal déférent.

Le canal déférent se termine dans le cloaque, qui lui est commun avec le rectum. C'est là que se trouvent les spicules [1], si importants au double point de vue anatomique et taxinomique.

Formés par un tissu chitinoïde, les deux spicules offrent ici la même longueur (o mm. o33) et sont fortement incurvés.

De puissants muscles (protracteurs et rétracteurs) les mettent en mouvement. On ne trouve d'ailleurs chez l'*Heterodera Schachtii* ni spicules accessoires, ni papilles, ni bourse pénienne, etc.

Appareil femelle [2]. — L'appareil femelle de l'Anguillule des betteraves se montre constitué suivant le type le plus fréquent chez les Nématodes.

C'est dire qu'on peut le décrire comme composé de deux tubes distincts supérieurement [3] et se réunissant inférieurement pour se confondre en un tronc commun, beaucoup plus court, impair et médian [4]. Celui-ci forme le vagin et aboutit à la vulve [5]. Dans chacun des deux tubes supérieurs et symétriques, on distingue de haut en bas les parties suivantes :

1° L'ovaire [6] ;
2° L'oviducte [7] ;
3° L'utérus [8].

L'appareil ainsi constitué atteint une longueur qui dépasse de cinq ou six fois celle du corps de l'animal; aussi s'enroule-t-il à plusieurs reprises sur lui-même et autour du tube digestif, ou plutôt de l'intestin moyen [9], si développé chez la femelle adulte.

Une *tunica propria* assez mince limite cet appareil et se trouve doublée par un épithélium qui devient indistinct au niveau du vagin, disposition qui permet de reconnaître immédiatement cette région et de la différencier des autres parties, sur lesquelles existe un épithélium que l'on peut souvent apercevoir par transparence et qui se montre formé par de belles cellules très régulières et à gros noyaux [10].

On a représenté l'ovaire comme dépourvu d'épithélium; c'est une erreur : à peine pourrait-on dire que dans certains cas l'épithélium pariétal n'y est que vaguement indiqué, l'activité cellulaire se trouvant surtout localisée vers le centre de l'ovaire.

Là se forment, en effet, les ovules dont l'évolution s'opère suivant un mode très répandu chez les Nématodes.

Une tige axile représente une sorte de rachis assez bien comparable à la formation décrite sous ce nom chez beaucoup d'espèces de la même classe.

Cette masse est d'abord purement plasmatique et semée de noyaux. Bientôt le protoplasma se groupe autour d'eux, chaque noyau devenant le centre d'une petite aire protoplasmique.

Le jeune ovule est dès lors constitué et différencié, possédant son corps protoplasmique ou vitellus et son noyau ou vésicule germinative.

L'ovogénèse paraît localisée dans la partie supérieure de l'ovaire, l'étendue du rachis

[1] Pl. I, fig. 1 et fig. 2, *s p.*
[2] Pl. II, fig. 9 et fig. 10.
[3] Pl. II, fig. 9, *u*; fig. 10, *u, o v.*
[4] Pl. II, fig. 9, *v g*; fig. 10, *v g.*
[5] Pl. II, fig. 9, *v*; fig. 10, *v.*
[6] Pl. II, fig. 10, *o v.*
[7] Pl. II, fig. 10, *o v d.*
[8] Pl. II, fig. 9 et 10, *u.*
[9] Pl. II, fig. 9, *i m.*
[10] Pl. III, fig. 14.

étant toujours limitée. On a vu qu'une semblable formation existait dans le testicule, mais ici le rachis est plus nettement indiqué.

Observés vers la partie inférieure de l'ovaire, les œufs se montrent isolés, avec une structure franchement cellulaire.

Transparents jusqu'à cette époque, ils deviennent opaques, le corps de l'œuf se chargeant de granulations nombreuses. Il peut subir alors l'imprégnation spermatique.

Progressant grâce au jeu de leurs pseudopodes, les spermatozoïdes cheminent le long des parois vaginales, gagnent l'utérus et l'oviducte, y rencontrent les ovules encore nus et aptes à être fécondés. Strübell désigne sous le nom de *receptaculum seminis* la portion supérieure de l'utérus, la considérant comme le lieu où s'agglomèrent les spermatozoïdes et où s'opère le contact des éléments sexuels. Je crois d'autant plus inutile d'adopter cette dénomination, qu'elle ne se justifie pas mieux au point de vue anatomique qu'au point de vue physiologique. L'anatomie ne montre en ce point aucun réservoir, aucune poche spéciale; tout au plus pourrait-on y noter une légère dilatation de l'utérus. D'autre part, la physiologie ne permet pas d'assigner à cette région une fonction spéciale, car on rencontre des spermatozoïdes au-dessus comme au-dessous de ce prétendu réceptacle, et la fécondation ne s'y manifeste pas plus fréquemment que dans les régions qui lui sont contiguës.

Quel que soit le point où s'opère la rencontre des éléments sexuels, elle ne tarde pas à déterminer dans l'œuf des modifications extérieures et intérieures.

La première modification extérieure se traduit par l'apparition d'une membrane vitelline très délicate qui paraît due à une différenciation périphérique du protoplasma vitellin. Cette membrane n'apparaît ici qu'après la fécondation, lorsque l'œuf est arrivé dans l'utérus, mais il est possible que les premiers phénomènes de différenciation s'ébauchent dans l'oviducte.

Une autre modification ne tarde pas à se manifester : à la mince membrane vitelline due à l'activité même du corps de l'œuf, vient bientôt s'ajouter une coque jaunâtre, puis brunâtre, secrétée par les cellules épithéliales de l'utérus. L'œuf est alors complètement constitué et l'étude des phénomènes qui vont s'y succéder ne saurait trouver place dans ce chapitre, car ils appartiennent à l'histoire du développement.

Pour achever la description de l'appareil femelle, il convient d'ajouter quelques détails sur ses parties terminales.

Relativement très court, le vagin se trouve formé par un canal impair auquel vient aboutir, à droite et à gauche, l'extrémité utérine des deux tubes sexuels.

Il est tapissé par une épaisse membrane cuticulaire qui porte des sortes de papilles. A son extrémité inférieure ou vulvaire, se fixent des faisceaux probablement musculaires.

L'orifice vulvaire est placé à l'extrémité postérieure du corps, fort en arrière de l'anus, caractère important au point de vue taxinomique.

Autour de cet orifice vulvaire, s'épanche souvent une sorte d'exsudation mal définie qui peut agglutiner et enrober un certain nombre d'œufs, mêlés à des produits cuticulaires et épithéliaux, à des débris de mâles, etc.

J'ai déjà mentionné que Schmidt lui avait donné le nom de « sac à œufs » (*Eiersack*); cette dénomination ne saurait être conservée, car il ne s'agit ni d'un organe, ni même d'une oothèque semblable à celles qu'on observe chez divers animaux.

Je dois enfin appeler l'attention sur un accident qui se produit assez souvent chez l'*Heterodera Schachtii*; je veux parler de la rupture de l'utérus.

S'agglomérant en grand nombre dans son intérieur, les œufs exercent sur ses parois une pression qui peut souvent les distendre au point de les rompre.

Ceci s'observe surtout lorsque, l'ovogénèse s'accomplissant avec rapidité, de nombreux ovules arrivent simultanément dans la matrice.

Le lieu de la rupture peut être déterminé avec une constance relative : il se trouve presque toujours dans la portion ultime ou déclive de l'utérus. Les œufs qui s'y trouvent possèdent déjà leur coque protectrice; c'est sous cet état qu'ils passent dans la cavité générale, comprimant et effaçant les divers organes qui y sont contenus. L'appareil génital subit alors le même sort que l'appareil digestif ; profondément déformé, il devient méconnaissable. Aussi doit-on l'étudier sur de jeunes femelles; c'est seulement chez elles qu'on pourra retrouver, dans tous leurs détails, les dispositions anatomiques qui viennent d'être décrites.

IX. — L'ŒUF ET LE DÉVELOPPEMENT EMBRYONNAIRE.

Lorsqu'on examine une femelle adulte, on est très surpris de constater que les œufs sont relativement peu nombreux; ainsi que je le rappelais précédemment, une mère n'en offre jamais plus de 3oo à 4oo (encore ce dernier chiffre représente-t-il un maximum exceptionnel).

Évidemment ce n'est guère, si l'on se reporte aux myriades d'œufs que montrent la plupart des Nématodes parasites; mais il ne faut pas oublier que l'*Heterodera Schachtii* vit dans des conditions qui suffisent à expliquer cette différence.

L'Anguillule de la betterave n'est soumise à aucune migration lointaine; son habitat peut changer avec les périodes de sa vie qui est tantôt libre, tantôt sédentaire, mais sa station demeure sensiblement la même; elle ne varie que dans les limites très restreintes qui séparent les radicelles de la terre ambiante. On peut donc dire, sans trop d'exagération, qu'elle vit et se reproduit sur place. Les chances de destruction étant ainsi peu nombreuses, l'alimentation de l'Helminthe se trouvant facilement, presque constamment assurée, quelques œufs pourraient suffire à la propagation de l'espèce. Avec les chiffres cités plus haut, la multiplication devient en réalité considérable ; c'est par millions et par milliards que se comptent, à la fin de la belle saison, les descendants d'une femelle née au commencement du printemps.

Le développement embryonnaire a été si souvent décrit chez les Nématodes par les auteurs contemporains, tant de travaux lui ont été consacrés depuis vingt ans que je puis me borner à l'exposer succinctement chez l'*Heterodera Schachtii*, afin d'éviter des répétitions inutiles ou de reproduire des détails déjà connus sur lesquels j'ai insisté, soit à propos de la Trichine [1], soit à propos de l'Anguillule de l'oignon [2].

Les faibles dimensions du ver, l'opacité de ses œufs et surtout les modifications complexes que subit la mère à l'époque de sa puberté, opposent ici de sérieux obstacles à des investigations toujours délicates.

[1] Joannes Chatin, *La Trichine et la Trichinose*, 1882, chap. iv, p. 54-68.
[2] Idem, *Recherches sur l'Anguillule de l'oignon*, 1884, chap. iii, p. 28-31.

J'ai cependant réussi à suivre l'ovule et l'embryon dans les différents stades de leur développement; mais pour les raisons invoquées plus haut, je les résumerai sommairement, en insistant sur les faits les plus remarquables.

Caractères extérieurs de l'œuf. — Complètement développé, l'œuf mesure o mm. o8 en longueur et o mm. o4 en largeur.

De forme elliptique et souvent déprimé sur une de ses faces, il a pu être comparé à un haricot, bien que cette image soit loin d'être constamment exacte.

Les deux extrémités sont arrondies, ne différant généralement pas l'une de l'autre.

Ainsi qu'on l'a précédemment, deux membranes protègent l'œuf : à l'intérieur, la membrane vitelline, mince et transparente; à l'extérieur, la coque proprement dite, épaisse et d'une coloration plus ou moins foncée

Résistance vitale des œufs. — Contrairement à ce qui s'observe pour la plupart des Nématodes parasites, les œufs ne résistent ici que très faiblement aux agents physiques et chimiques. Il faut toutefois bien s'entendre à cet égard : d'une part, les faits suivants s'appliquent à des œufs isolés, et non renfermés dans des kystes bruns, ce qui, dans bien des circonstances, changerait complètement les résultats de l'expérience; d'autre part, il importe d'éliminer minutieusement toutes les causes d'erreur tenant à la présence d'Helminthes terricoles, saprophytes, etc., ou de leurs œufs.

Une température de + 35 degrés tue infailliblement l'œuf; un froid de — 10 degrés agit de même.

Dans l'eau accolisée à $\frac{1}{5}$, dans la glycérine même étendue de moitié d'eau, dans les solutions d'acide chromique, phénique, picrique, etc., l'œuf ne tarde pas à mourir. Il vit plus longtemps dans l'eau sans pouvoir s'y conserver; la dessiccation lui est rapidement funeste. Je crois nécessaire de faire remarquer qu'on doit tenir compte, dans ces expériences, du degré respectif de développement des œufs et de leurs embryons.

Segmentation. — La segmentation des œufs est nettement inégale dès le début, contrairement à l'opinion de Strübell. Le premier phénomène de partition s'exprime par un sillon transversal apparaissant au niveau de la concavité déjà indiquée sur une des faces de l'œuf.

Celui-ci se trouve alors divisé en deux sphérules inégales [1]. Ce stade réclame une attention spéciale, quelques auteurs ayant voulu établir que, chez l'Ascaride lombricoïde, le premier sillon sépare le futur ectoderme du futur endoderme, le second sillon divisant l'ectoderme en une partie céphalique et une partie caudale.

D'autre part, plusieurs observateurs (Pfluger, Roux, Agassiz, Witman) regardent le premier plan de segmentation comme le plan méridien de la larve.

L'étude de l'œuf de l'*Heterodera Schachtii* montre que l'orientation du premier sillon de segmentation est loin d'être constante; il serait donc prématuré d'admettre pour ce Nématode (probablement aussi pour beaucoup d'autres espèces animales) une relation absolue entre le premier plan de segmentation et l'axe de l'embryon.

Au stade suivant, l'un des deux blastomères initiaux se divisant seul, l'œuf présente alors trois sphérules inégales [1].

[1] Pl. III, fig. 15. — [1] Pl. III, fig. 16.

3

Il est inutile d'insister sur les stades qui se succèdent dès lors rapidement et qui amènent ainsi la segmentation totale.

On reconnaît qu'elle est asymétrique, les sphérules placées à la face convexe de l'œuf étant plus nombreuses que celles du côté concave; cet aspect tend à s'effacer vers le stade gastrula [1].

Dans la formation des feuillets du blastoderme, je dois surtout mentionner une particularité que Strübell a observée de son côté.

Pendant que les cellules de l'ectoderme ont revêtu la forme polyédrique [2] qui affirme déjà leur parenté avec les éléments épithéliaux, on voit certaines cellules de l'endoderme acquérir des caractères spéciaux.

Ces cellules ne sont pas situées fortuitement dans telle ou telle partie de l'endoderme. Elles se différencient toujours à l'une de ses extrémités, à son extrémité inférieure. Leur position constante, leur aspect particulier, tout concourt à leur attribuer une valeur spéciale [3].

Goette les ayant signalées le premier chez les Nématodes [4], je crois devoir les désigner sous le nom de *cellules de Goette*, sans vouloir d'ailleurs prendre position dans le débat qui s'est élevé entre cet observateur et d'autres embryologistes, au point de vue du rôle que ces éléments peuvent réclamer dans la genèse des formations mésodermiques. L'*Heterodera Schachtii* ne révèle pas à cet égard des faits assez nouveaux ou assez démonstratifs pour permettre de trancher la question et je n'imiterai pas tel auteur qui est entré sur ce point dans des développements peut-être exagérés.

J'en dirai autant de l'organogénie; les différents systèmes organiques se forment comme chez les autres Nématodes et c'est à peine si l'on peut, çà et là, relever d'insignifiantes variations.

La même remarque s'applique aux aspects que présente successivement l'embryon; d'abord gros et renflé, il s'allonge peu à peu, s'infléchit sur sa face abdominale; puis, la croissance s'opérant rapidement, on voit le ver se replier deux et trois fois sur lui-même, la direction des involutions ainsi décrites demeurant toujours assez exactement parallèle au grand axe de l'œuf [5].

Si les circonstances ambiantes sont favorables, celui-ci est bientôt rompu par les mouvements, de plus en plus rapprochés et de plus en plus puissants, du jeune ver qui peut même subir une mue dans l'intérieur de l'œuf, avant sa mise en liberté. Ce phénomène est toutefois loin d'être constant, car l'observation la plus attentive est souvent impuissante à en déceler la moindre trace.

On s'explique d'ailleurs, pour un type soumis à une évolution aussi complexe, que l'embryogénie puisse se montrer plus ou moins explicite et soit de nature à présenter certaines différences de condensation ou de dilatation. Ces différences seraient ici d'autant moins importantes qu'elles seraient surtout limitées aux téguments, lesquels offrent chez l'*Heterodera Schachtii* une activité histogénétique toute spéciale, ainsi qu'on va pouvoir en juger par l'étude du développement post-embryonnaire.

Avant d'aborder ce nouveau chapitre de la vie de l'Helminthe, il faut encore examiner une question assez importante et différemment interprétée : divers auteurs pré-

[1] Pl. III, fig. 17 et 18.
[2] Pl. III, fig. 19, cc.
[3] Pl. III, fig. 19, c.

[4] Goette, *Untersuchungen über die Entwicklungsgeschichte d. Würmer*, Leipzig, 1882.
[5] Pl. III, fig. 20.

sentent l'*Heterodera Schachtii* comme ovipare; suivant d'autres, au contraire, l'espèce serait vivipare. En réalité, la vérité est intermédiaire et permet de décrire une ovo-viviparité, ce terme recevant même ici une acception plus littérale que dans la plupart des cas où il est employé.

Lorsque la puberté de la femelle, sa fécondation et le développement embryonnaire s'opèrent rapidement, on voit l'œuf accomplir toute son évolution dans l'organisme maternel d'où sortent des larves, à l'égard desquelles on est bien obligé d'admettre une incontestable viviparité.

Mais, même dans ce cas, elle n'est pas toujours absolue, car certains œufs n'éclosent qu'après avoir été pondus. Dans l'exsudat qui entoure l'orifice vulvaire on trouve ainsi des œufs encore intacts; Strübell lui-même le figure et si le nom que Schmidt donne à cet exsudat (*Eiersack*) est inacceptable au point de vue anatomique, il établit du moins le fait d'oviparité.

On peut aussi trouver de ces œufs sur les racines, dans la terre ambiante, etc.; dans tous ces cas, l'oviparité est manifeste.

Faut-il d'ailleurs accorder à cette question une si grande importance? Je n'hésite pas à déclarer qu'elle est très secondaire et, s'il fallait légitimer mon opinion, je me contenterais de rappeler que, chez les Nématodes, on peut ainsi observer l'oviparité et la viviparité dans la même espèce.

La Filaire de Demarquay (*Filaria sanguinis humani*) en fournit une exemple classique : la femelle est généralement vivipare, mais souvent aussi elle pond des œufs incomplètement développés.

Chez l'*Heterodera Schachtii*, l'oviparité est surtout évidente dans les cas où l'on observe la formation de ces singuliers kystes bruns, trop longtemps méconnus et qui jouent un si grand rôle dans la propagation du parasite. Leur histoire est inséparable de celle de l'œuf auquel ils doivent assurer la protection la plus efficace.

X. — Kystes bruns.

Il est assez singulier de constater que les auteurs qui se sont le plus récemment et le plus consciencieusement occupés de l'Anguillule de la betterave aient méconnu le plus puissant agent de propagation de l'espèce. Schmidt fait vaguement allusion à une «couche sub-crystalline» de la femelle, Strübell la mentionne pour lui refuser toute valeur et ce rapprochement suffit à montrer dans quelle ignorance ces observateurs sont restés à l'égard des kystes bruns.

Je les ai signalés, pour la première fois, au mois de juillet 1887 [1] après les avoir découverts dans les circonstances suivantes.

M. le professeur Aimé Girard ayant bien voulu mettre à ma disposition, au commencement du mois de mai 1887, des betteraves retirées des silos de Joinville, j'examinai ces racines sans y trouver aucun *Heterodera Schachtii*; à peine des coupes répétées laissèrent-elles entrevoir, çà et là, des Nématodes suspects, mais dont l'exacte détermination était impossible en raison de leur état de désorganisation.

Je plaçai alors quelques-unes de ces betteraves dans de la terre humide où je semai

[1] Joannes Chatin, *Sur les kystes bruns de l'Anguillule de la betterave* (*Comptes rendus de l'Académie des sciences*, juillet 1887).

3.

des navets et du cresson alénois [1]. Les plantes levèrent bientôt et, au bout de quelques jours, le microscope me montra, dans les racines, la présence du parasite nettement caractérisé. Les betteraves qui m'avaient été remises étaient donc bien nématodées, mais à quel état s'y trouvait le Nématode ?

Reprenant attentivement l'examen des betteraves qui avaient été réservées, je n'y découvris encore rien de précis; puis, ayant lavé les racines et examiné le résidu des eaux de lavage sur un plateau de porcelaine blanche, je fus surpris d'y rencontrer un grand nombre de petits corps brunâtres qui, par leur diamètre sensiblement constant, se distinguaient aisément des grains de sable, etc. Un de ces corpuscules se laissa couper assez facilement et la section, examinée sous le microscope, présenta d'innombrables œufs que leurs dimensions et les caractères de l'embryon contenu dans leur intérieur permettaient de reconnaître pour des œufs d'*Heterodera Schachtii*. L'invasion parasitaire des plantes semées dans la terre qui avait reçu les betteraves était dès lors facile à comprendre et l'on s'expliquait en même temps quelle disposition organique permettait à l'Helminthe de traverser la mauvaise saison pour se propager lors du réveil de la végétation [2].

Le mode de formation de ces kystes est assez compliqué et d'une observation particulièrement délicate. Dans ma première communication, j'avais dû me borner à y faire une simple allusion : les dimensions microscopiques de l'Helminthe, la minceur et la faible différenciation de certains de ses tissus, la rapidité avec laquelle se succèdent les phénomènes qui s'y accomplissent, etc., créaient de nombreuses difficultés et commandaient une grande réserve. Ce fut seulement à la suite d'une nouvelle série de recherches que je pus faire connaître les diverses phases de l'évolution des kystes bruns [3].

Ainsi qu'on l'a vu précédemment, le tube dermo-musculaire d'une jeune femelle est constitué par les couches suivantes :

1° La cuticule;
2° L'épiderme ou hypoderme;
3° La musculature somatique.

La cuticule offre deux régions assez peu distinctes : l'une supérieure, marquée par une striation bien moins nette que celle du mâle, l'autre profonde et parcourue par des lignes fibrillaires.

L'épiderme se résume presque toujours en une couche protoplasmique semée de noyaux et dans laquelle on ne peut que rarement découvrir quelques indices de structure cellulaire.

---

[1] Un semis semblable fut effectué dans de la terre prise au même lieu, arrosée de même, placée à la même exposition, etc., mais n'ayant pas reçu de betteraves nématodées. Sur les plantes servant ainsi de témoins, on ne découvrit nulle trace de l'*Heterodera Schachtii*, malgré les recherches les plus multipliées et les plus minutieuses. Les navets, etc., avaient donc bien été infectés par les betteraves retirées des silos et placées dans la terre où ces plantes avaient été semées.

[2] On peut parfois rencontrer des *Heterodera* qui ont passé l'hiver dans la terre et ont résisté à la mauvaise saison; mais le nombre en est très minime et ils sont généralement peu vivaces dans les conditions normales.

[3] Joannes Chatin, *Sur la structure des téguments de l'Heterodera Schachtii et sur les modifications qu'ils présentent chez les femelles fécondées* (*Comptes rendus des séances de l'Académie des sciences*, juillet 1888).

Les muscles s'étendent au-dessous de la face profonde de l'épiderme : moins puissants que chez le mâle, ils offrent encore, à cette époque, une épaisseur notable. J'ai exposé précédemment leur mode de répartition; il est inutile d'y revenir.

Telle est la constitution des téguments et de la musculature somatique de la jeune femelle adulte. Sous l'influence de la fécondation et du rapide développement des œufs, on voit s'y succéder d'importantes modifications.

Les premières se localisent dans l'épiderme, couche essentiellement active et vivante du tégument. Elles s'y traduisent par une diminution du nombre des noyaux; en même temps l'ensemble de la couche protoplasmique devient plus clair. Peut-être la nucléine subit-elle également cette dernière modification et l'on s'expliquerait alors comment les noyaux semblent moins abondants; leur diminution serait purement apparente. La cuticule et la musculature restent normales.

Bientôt, la femelle grossissant rapidement, on remarque un amincissement progressif dans les couches musculaires qui subissent une sorte de délamination. L'effet de cette modification est facilement appréciable, car elle détermine déjà une atténuation sensible dans la puissance totale du tube dermo-musculaire.

Au stade suivant, la tendance qui vient de se manifester semble s'effacer si l'on se borne à examiner une coupe d'ensemble du tube musculo-cutané, celui-ci paraissant avoir récupéré l'épaisseur qu'il avait au début des observations.

Toutefois, une analyse attentive révèle de sérieuses différences : les couches musculaires, très développées initialement, deviennent de plus en plus minces et si leur régression échappe au premier abord, c'est qu'elle est masquée par les changements qui s'opèrent dans l'épiderme.

Les noyaux, d'abord rares dans l'épiderme, s'y multiplient maintenant dans une proportion notable. Leur répartition affecte même, sur plusieurs coupes, une symétrie relative; rarement, chez l'adulte, l'aspect de l'épiderme se montrera plus voisin de la structure cellulaire. J'hésite néanmoins à employer ce terme qui n'exprime ici qu'un rapprochement plutôt qu'une assimilation véritable, car les champs cellulaires sont toujours vaguement indiqués.

On ne peut cependant nier que l'épiderme n'ait acquis une valeur spéciale; un autre phénomène achève de l'établir. A la suite de la prolifération nucléaire qui vient d'être signalée, le plasma ambiant semble devenir le siège d'une différenciation nouvelle : il se charge de gouttelettes visqueuses et réfringentes qui se rassemblent, çà et là, à la surface de la cuticule. Cette sécrétion, ou plutôt cette exsudation, trouve son issue non dans des pores cutanés, mais dans des ruptures locales de la cuticule qui cède sous l'énorme accroissement du corps que distendent les œufs.

Les couches musculaires ont alors disparu et c'est à peine si l'on en retrouve parfois un dernier vestige dans une mince bandelette appliquée contre l'épiderme qui tend à se confondre avec la cuticule. Le sort ultérieur de celle-ci varie suivant les cas : si l'enkystement ne doit pas se produire, elle se désagrège et se rompt lors de la mise en liberté des jeunes; assez souvent elle résiste cependant alors plus longtemps que d'autres tissus. Ceci s'observe surtout lorsqu'elle se trouve encore accompagnée de la dépouille larvaire de la femelle.

Au contraire, si les œufs doivent demeurer inclus dans un kyste brun, celui-ci se forme grâce à l'exsudation mentionnée plus haut : agglutinant les parcelles minérales ou organiques ambiantes, les soudant aux débris tégumentaires et larvaires, à l'enduit vulvaire, etc., elle forme ainsi l'enveloppe destinée à protéger les œufs.

Sans insister ici sur l'intérêt que ces faits offrent pour l'histologie comparée des Nématodes, sans rechercher quels rapprochements ils autorisent avec certains phénomènes d'histolyse observés chez d'autres Invertébrés, je crois devoir appeler l'attention sur la nature du kyste brun. D'origine adventice mixte[1], il ne peut être rapporté ni à une néoformation pathologique apparaissant dans les tissus de la plante, ni à une simple induration des téguments de l'Helminthe.

Au point de vue prophylactique, les faits précédents peuvent fournir d'utiles indications, car il est vraisemblable que si l'on veut tenter de faire intervenir efficacement les agents chimiques, il faudra chercher à atteindre les mères au moment où leurs téguments, désorganisés par de complexes modifications histiques, ne peuvent plus leur assurer une protection suffisante.

Mes expériences ont été trop limitées pour que je puisse formuler à cet égard une règle précise, mais certains faits m'ont montré que, dans une même culture, on peut, au commencement de l'été, trouver simultanément un grand nombre de femelles traversant les phases de délamination, etc.

J'ai constaté le fait sur de très jeunes betteraves mesurant au collet 8 millimètres de diamètre; il est d'autant plus facile d'atteindre alors les Helminthes que de semblables racines sont toujours près du sol.

L'époque d'apparition des kystes bruns n'est pas immuable; aussi ai-je refusé d'adopter le nom de *kystes d'hiver* que quelques personnes ont voulu leur attribuer, à la suite de mes premières recherches. Évidemment c'est surtout à la fin de l'été qu'ils se montrent en grande abondance. Au début de la saison, les femelles ne parcourent que les premières phases des modifications tégumentaires décrites plus haut : l'éclosion des œufs est trop rapide pour leur permettre d'arriver au stade d'enkystement.

Sur de jeunes betteraves qui me furent envoyées au mois de juin 1889 et qui avaient été recueillies dans les localités où la maladie vermineuse était peu intense, je n'ai pu découvrir aucun kyste brun, mais seulement de nombreuses femelles blanches; un mois plus tard, l'été se montrant exceptionnellement chaud, un nouvel envoi de betteraves me fournissait déjà quelques kystes bruns. D'autre part, des betteraves arrachées au commencement de ce même mois (juillet 1889), dans une culture du département du Nord où la maladie sévissait avec violence, montraient plusieurs kystes bruns.

On voit donc que si ces kystes apparaissent surtout à la fin de la belle saison, ils peuvent cependant se former beaucoup plus tôt : un été précoce et chaud, une helminthiasis intense, tels sont les deux facteurs principaux de l'enkystement prématuré[2].

Les caractères du kyste sont tout spéciaux et diffèrent entièrement de ceux qui dis-

[1] Pl. IX, fig. 36.

[2] «Le ralentissement de la végétation et l'abaissement de la température ne sont pas les seules causes qui puissent déterminer l'enkystement de la femelle. Une sécheresse prolongée peut aussi le provoquer, comme j'ai pu récemment l'observer. L'intensité de l'helminthiasis exerce une action des plus manifestes et dont il importe de tenir compte au point de vue pratique.

«Lorsque les Nématodes existent en grand nombre, se multiplient avec rapidité et trouvent des conditions ambiantes particulièrement favorables, on voit les kystes se développer avec une rapidité exception-

tinguent la femelle ovifère[1]. Ce n'est plus un animal qu'on a sous les yeux, mais un sac rempli d'œufs[2], comparable à une oothèque et qui tombe dans la terre mêlée aux racines.

De forme variable (ovoïde, naviculaire, bicouique, etc.), le kyste mesure en moyenne o mm. 6 suivant son grand axe. Il est de couleur brunâtre, protégé par des parois très épaisses et difficilement perméables. On voit combien il diffère de la femelle ovifère, telle qu'on la connaît, avec sa teinte blanche, son tégument aminci et fragile, se rompant dès la plus légère lésion, et cédant sous la moindre action osmotique.

On s'explique aisément comment un kyste ainsi constitué peut traverser la mauvaise saison, assurant une puissante protection aux œufs qu'il renferme. Plus tard, sous l'influence des conditions favorables à sa déhiscence, ses parois se gonfleront, se ramolliront, et laisseront échapper œufs et larves[3]. Celles-ci, gagnant la terre ambiante, puis les radicelles voisines, atteindront leur complet développement, les femelles seront fécondées et le parasite se multipliera rapidement.

Chaque kyste brun contient de 3oo à 4oo œufs, puisque nous avons vu que tel était le nombre d'œufs contenus au maximum dans une femelle ovifère.

L'épaisseur du test qui protège le kyste brun lui permet d'échapper à la plupart des

nelle et l'on assiste à un enkystement qui peut être regardé comme prématuré si l'on se reporte aux faits normaux dans lesquels l'enkystement est lent, relativement rare, au milieu de l'été.

«J'ai pu le constater durant les mois de juillet et d'août de la présente année (1889), en examinant des betteraves provenant de localités dans lesquelles la maladie vermineuse sévissait avec une grande intensité : outre d'innombrables femelles blanches et ovigères, on trouvait déjà des kystes bruns dont le nombre augmenta rapidement. Leur membrane adventice était même formée dès cette époque et possédait tous les caractères que j'ai décrits antérieurement.

«Les œufs contenus dans ces kystes renferment des embryons dont l'évolution est parfois assez avancée; il semble qu'elle ait été suspendue par les phénomènes d'histogénèse et d'histolyse dont s'accompagne la formation du kyste.

«En effet, et malgré son apparition prématurée, celui-ci se trouve normalement constitué; il ne semble pas destiné à une déhiscence anticipée, comme on pourrait le supposer. Il ne représente pas un état intermédiaire entre la femelle blanche ovigère et le kyste brun : il possède tous les attributs anatomiques et fonctionnels de ce dernier.

«Les résultats de l'expérience concordent pleinement avec ceux de l'observation, mais il importe d'éviter certaines causes d'erreur.

«Il peut arriver que dans le verre de montre ou le petit cristallisoir où l'on aura déposé la terre chargée de kystes, on constate bientôt l'apparition de jeunes larves et que l'on soit ainsi conduit à admettre une déhiscence anticipée.

«Dans ce cas, les larves auront été introduites avec la terre, ou bien celle-ci renfermait des femelles ovigères qui les auront mises en liberté. Qu'on recommence l'expérience en plaçant le kyste dans de l'eau privée de tout Nématode, de tout œuf, etc., rien n'apparaîtra.

«Enfin il faut déterminer rigoureusement les caractères taxinomiques des vers que l'on observe, car on peut être exposé à prendre pour des *Heterodera* soit des *Tylenchus* parasites, soit des espèces simplement terricoles. Je ne puis que répéter les conseils que je donnais à propos de la maladie vermineuse de l'oignon; la diagnose est plus facile ici en raison des caractères si spéciaux et si bien connus de l'Anguillule de la betterave.» (Joannes Chatin, *Sur l'enkystement prématuré de l'Heterodera Schachtii*, 1889.)

[1] On peut parfois observer des états intermédiaires entre la femelle ovifère et le kyste brun; mais lorsque celui-ci est complètement formé, il s'en distingue aisément.

[2] Il est bon de rappeler que le terme de «sac à œufs» (*Eiersack*) a été employé par Schmidt pour désigner une tout autre formation, l'exsudat vulvaire.

De même, Strübell désigne l'enveloppe de cocon du mâle sous le nom de «kyste», donnant ainsi à ce terme une acception complètement erronée.

[3] Pl. IV, fig. 22, 23 et 24.

injures extérieures; mais ici comme partout, l'on voit s'exercer la concurrence vitale, et divers animaux recherchent les kystes pour se nourrir de leur contenu.

J'ai déjà eu l'occasion de mentionner un Acarien, le *Gamasus crassipes* [1], qui attaque les kystes, les perfore et dévore les œufs qui s'y trouvent inclus.

Des larves d'Insectes agissent de même et j'ai fréquemment observé des œufs d'*Heterodera Schachtii* dans l'intestin de larves rongeant les kystes. Il m'a été impossible de les déterminer spécifiquement, mais j'ai constaté qu'elles appartenaient à l'ordre des Diptères et au sous-ordre des Némocères. Des entomologistes distingués auxquels j'ai soumis ces larves ont confirmé ma diagnose sans pouvoir, de leur côté, la préciser davantage.

Je ne saurais trop appeler l'attention des agriculteurs et des naturalistes sur ces ennemis de l'*Heterodera Schachtii*. Il importe de les rechercher, de les étudier, de les bien connaître, car nous trouverons peut-être en eux de précieux auxiliaires dans notre lutte contre le parasite.

Abstraction faite des atteintes auxquelles peut être exposé le kyste brun, on constate que, dans les conditions normales, les phénomènes dont s'accompagnent sa rupture et la mise en liberté des œufs ou des larves exigent, pour s'accomplir, un temps qui varie avec la température, l'humidité, etc.

A la fin de mai, la température moyenne de mon laboratoire étant de 12 degrés, des kystes bruns sont placés dans une coupe de cristal, avec une petite quantité de terre humide [2]. Au bout de neuf jours, j'y découvre de jeunes *Heterodera Schachtii*; des graines de cresson alénois y sont semées et les racines se montrent bientôt envahies par le parasite.

En hiver (dans une pièce maintenue à la température de 15 degrés) ou au milieu de l'été, on obtient plus difficilement la rupture ou la déhiscence, on serait tenté de dire l'éclosion, des kystes bruns.

Il semble que les œufs contenus dans l'intérieur du kyste n'y atteignent que lentement leur maturité, ou s'y trouvent plongés dans une sorte de vie latente. Les faits suivants semblent autoriser de semblables hypothèses : je mentionnais plus haut la précocité avec laquelle se forment les kystes bruns sous l'influence d'un été très chaud ou d'une helminthiasis intense. Ces kystes peuvent-ils se développer immédiatement, au cours de la même saison? On doit en douter, car dans une longue série d'expériences instituées durant les mois de juillet et août 1889, sur les kystes bruns formés récemment, je n'ai obtenu qu'un très petit nombre de larves, encore étaient-elles peu vivaces et sont-elles généralement mortes avant d'avoir atteint leur état parfait.

De semblables recherches exigent des précautions beaucoup plus minutieuses qu'on ne serait tenté de l'admettre tout d'abord. Les causes d'erreur sont très nombreuses : de jeunes larves peuvent adhérer extérieurement au kyste au moment où on l'enlève de la terre ou de la racine; d'autre part, on peut entraîner en même temps un fragment de femelle ovifère dont les œufs se développent rapidement, faisant croire à la déhis-

---

[1] Pl. IX, fig. 37.

[2] Cette terre provenait d'un endroit où n'avait jamais été cultivée aucune plante nématodée; préalablement à l'expérience, elle avait été calcinée, puis humectée avec de l'eau distillée et bouillie.

cence du kyste et à la naissance de ses larves. Enfin, il faut toujours étudier soigneusement les Nématodes que l'on rencontre, afin d'éviter toute méprise.

La formation des kystes bruns a donc essentiellement pour but d'assurer la conservation de l'espèce, la mettant à l'abri des injures extérieures auxquelles l'*Heterodera Schachtii* résiste fort mal soit à l'état adulte, soit à l'état larvaire, ainsi qu'on pourra bientôt en juger.

L'enkystement réalise une condition éminemment favorable à la propagation de l'espèce et permet de comprendre l'insuccès de la plupart des moyens de destruction qu'on a tenté de lui opposer en variant les cultures et en modifiant les assolements. Non seulement, en effet, l'Helminthe peut s'attaquer à un grand nombre de plantes, mais il peut aisément se propager d'une année à l'autre, grâce à ces kystes de conservation.

Leur connaissance est également importante pour la recherche du Nématode; lorsqu'on examine, au printemps, les betteraves retirées des silos, etc., on peut ne découvrir aucun point blanchâtre sur les radicelles, aucune trace de Nématodes sur des coupes pratiquées à divers niveaux, sans être pour cela en droit de conclure à l'absence de l'*Heterodera*. Avant de formuler une telle conclusion, il faut encore laver soigneusement la terre mêlée aux racines, puis l'examiner à la loupe; bien souvent on y découvrira, confondus avec les grains de sable, etc. [1], ces petits kystes bruns qui présentent, on le voit, un double intérêt pour la biologie de l'Helminthe et pour sa prophylaxie.

XI. — Développement post-embryonnaire.

Que l'éclosion de l'œuf ait suivi de près la segmentation et l'embryogénèse, qu'elle ait été au contraire retardée, durant un temps plus ou moins long, par l'enkystement de la mère, toujours elle se trouve précédée de divers phénomènes qui se manifestent à l'intérieur de l'œuf: animé de mouvements d'ondulation qui deviennent de plus en plus fréquents, l'embryon cherche à se dérouler, puis à se replier sur lui-même, distendant ainsi la coque ovulaire qui cède et se rompt, le mettant en liberté.

Le développement embryonnaire est achevé, mais l'évolution de l'Anguillule n'est pas terminée, car il lui faut encore subir une série de métamorphoses extrêmement remarquables.

Le développement post-embryonnaire forme, en effet, le chapitre le plus intéressant de l'histoire de l'*Heterodera Schachtii*. Sa complexité ne laisse pas d'embarrasser les observateurs les plus versés dans l'étude de ces délicates questions et, comme on pourra bientôt en juger, il peut sembler tout d'abord assez difficile de trouver à cet égard des termes satisfaisants de comparaison.

Le dimorphisme du mâle et de la femelle ne retentit pas seulement sur leur forme et sur leur organisation intérieure, ainsi qu'on l'a vu précédemment; il s'affirme déjà dans les premiers stades de leur évolution.

[1] On éprouve parfois quelque difficulté à distinguer les kystes bruns; cependant, avec un peu d'habitude, on y parvient sûrement. Dans les cas douteux, il est nécessaire d'en faire des coupes afin d'y rechercher la présence des œufs qui se montrent surtout avec une grande netteté quand on emploie les réactifs colorants (picrocarminate d'ammoniaque, etc.). Le compresseur rend également de bons services; mais lorsque le kyste s'est formé lentement, son test est trop épais pour qu'on puisse user de ce procédé.

Celle-ci est très différente pour les deux sexes : le mâle seul en parcourt intégralement le cycle qui, chez la femelle, au contraire, s'abrège notablement. Mais, résultat assez inattendu, c'est le mâle seul qui rappellera, sous sa forme adulte, les traits de la larve, bien que le cycle évolutif n'ait subi pour lui aucune abréviation.

On doit distinguer dans le développement post-embryonnaire de l'*Heterodera Schachtii* les états suivants :

1° Première larve;

2° Deuxième larve;

3° Cocon du mâle.

La femelle passe seulement par les formes de première larve et de deuxième larve; la forme cocon est propre au mâle.

Première larve [1]. — C'est sous cet état que la jeune Anguillule sort de l'œuf, plus ou moins promptement suivant les circonstances. Les conditions ambiantes réclament ici une grande importance : la saison, la température et l'humidité exercent une influence incontestable sur l'éclosion de l'œuf, comme sur la rupture du kyste brun, lorsque les œufs se trouvent renfermés dans cette coque protectrice.

La jeune larve ainsi mise en liberté se montre sous l'aspect d'un petit ver blanchâtre, fort agile, mesurant en moyenne 0 mm. 35 de longueur et 0 mm. 15 de largeur.

Son extrémité céphalique est revêtue d'une coiffe [2] assez analogue à celle qui a été décrite chez le mâle adulte. Quant à son extrémité caudale, elle est différente de celle du mâle; chez celui-ci, elle était obtuse; chez la larve, au contraire, elle s'allonge en pointe [3].

Le tube musculo-cutané se présente normalement constitué : la cuticule, bien distincte, est régulièrement annelée par d'élégantes stries transversales. L'épiderme, difficile à distinguer, se montre fort mince et ne laisse apparaître que çà et là des traces de texture cellulaire. Les bandes musculaires sont très développées, possédant déjà leurs caractères anatomiques et histologiques. Toutefois, les deux bourrelets latéraux sont infiniment plus apparents que les bourrelets médians. Dès ce moment, le centre nerveux [4] est distinct, plus facile même à étudier que chez l'adulte, où le développement des autres organes le masque fréquemment.

La cavité générale du corps est surtout appréciable dans la région qu'occupe l'intestin initial. Elle montre de nombreux granules jaunâtres ou brunâtres qui peuvent s'agglomérer vers la région rectale, formant une masse sur laquelle repose l'intestin terminal. Cet état, qui se voit nettement sur la figure 25, est momentané, car les granules deviennent d'autant plus rares et d'autant plus clairs qu'on examine la larve à une date plus éloignée du moment de sa naissance. On s'explique cette disparition par leur rôle fonctionnel : ils représentent une réserve alimentaire dont la masse diminue à mesure qu'elle est consommée par la larve.

L'appareil digestif diffère peu de ce qu'il sera chez le mâle adulte; l'intestin moyen [5] est cependant plus étendu.

Le vestibule [6] loge un stylet [7] assez développé, puisqu'il atteint 0 mm. 022 de lon-

[1] Pl. V, fig. 25.
[2] Pl. V, fig. 25, c.
[3] Pl. V, fig. 25, q.
[4] Pl. V, fig. 25, n.
[5] Pl. V, fig. 25, im.
[6] Pl. V, fig. 25, v.
[7] Pl. V, fig. 25, s.

gueur. Il est creux comme chez le mâle et constitué de même; à peine faut-il noter sur son apophyse des saillies légèrement incurvées.

Je crois inutile d'insister sur les faibles différences qui caractérisent l'aiguillon de la larve comparé à celui de l'adulte. Souvent même, on le voit présenter, dès ce stade, des dispositions semblables à celles qu'il offrira chez l'adulte; j'ai pu observer le fait à plusieurs reprises.

Ces variations n'ont donc qu'une très minime valeur, et l'on peut, une fois de plus, douter de l'autonomie de l'*Heterodera radicicola* en voyant C. Muller[1] la caractériser principalement par la configuration de l'aiguillon; il est réellement impossible d'invoquer cet organe comme spécifique.

En arrière du vestibule s'insère l'organe adénoïde[2], puis se déroulent les diverses parties du tube digestif : conduit pharyngien[3], bulbe pharyngien[4], intestin moyen[5] et intestin terminal[6].

Le revêtement épithélial est aussi distinct que chez l'adulte; parfois même on peut, chez la larve, l'étudier plus facilement.

Le pore excréteur est fort apparent[7], situé dans le champ latéral du côté gauche. Il apparaît très promptement, comme le centre nerveux.

On n'éprouve donc aucun embarras pour rapprocher cette larve des formes adultes de l'*Heterodera Schachtii*, l'anatomie permettant d'établir son identité par des preuves irréfragables.

Il est d'autant plus utile d'insister sur ce point que de regrettables erreurs pourraient être commises : essentiellement agile, menant une existence libre dans la terre humide, la première larve de l'*Heterodera Schachtii* pourrait être prise pour une Anguillule terricole.

On serait ainsi conduit à méconnaître l'existence du parasite et, par suite, la véritable cause du dépérissement des betteraves; de même, on pourrait tomber dans l'erreur inverse, prendre une espèce terricole pour le *Ruben-Nematode*, et jeter ainsi indûment l'alarme parmi les agriculteurs de la contrée.

Aussi ne saurais-je trop engager les observateurs à examiner attentivement l'organisation des Helminthes qu'ils auront sous les yeux, sans se borner à la considération de leurs formes extérieures.

Ces constatations n'offrent d'ailleurs aucune difficulté, la transparence même du parasite faisant de son étude une véritable distraction micrographique.

A ce propos, je rappellerai qu'on doit toujours placer le Nématode dans un verre de montre contenant une suffisante quantité d'eau; il faut veiller à ce que celle-ci ne disparaisse pas totalement par évaporation, la dessiccation tuant promptement l'Helminthe.

Il convient de faire ressortir l'importante dissemblance qui s'observe à cet égard entre l'*Heterodera Schachtii* et la plupart des autres Anguillules parasites des végétaux. Leurs larves résistent généralement à la dessiccation, qui les fait simplement passer à l'état de vie latente; elles reviennent à la vie active dès qu'on les humecte, et parfois

---

[1] C. Muller, *op. cit.*
[2] Pl. V, fig. 25, *g*.
[3] Pl. V, fig. 25, *cp*.
[4] Pl. V, fig. 25, *bp*.
[5] Pl. V, fig. 25, *im*.
[6] Pl. V, fig. 25, *it*.
[7] Pl. V, fig. 25, *pe*.

cette singulière reviviscence peut être observée lors même que la dessiccation a été longtemps prolongée.

L'Anguillule du blé niellé (*Tylenchus triciti*) est anciennement célèbre à cet égard : en 1771, Baker montrait que ses larves, conservées inertes durant vingt-sept ans, se ranimaient lorsqu'on les exposait à une humidité suffisante. Spallanzani put successivement observer seize fois l'engourdissement et la revivification de ces vers. Claude Bernard [1] les vit recouvrer toute leur activité après avoir été enfermés quatre ans dans un flacon sec et bien bouché. J'ai pu observer le même phénomène après une période beaucoup plus longue : des grains niellés ayant été conservés durant douze ans (de 1873 à 1885) dans les mêmes conditions, les Helminthes retrouvèrent toutes leurs manifestations vitales en présence de l'eau [2].

D'autres Anguillules, tout en pouvant résister à la dessiccation, ne présentent plus une faculté de reviviscence égale à celle du *Tylenchus triciti*.

Dans un travail qui date de quelques années, j'ai montré que l'Anguillule de l'oignon possède une vitalité notablement inférieure à celle de l'espèce précédente, tendance qui s'accentue davantage encore chez l'Anguillule de la jacinthe. En effet cette dernière, fort bien étudiée par M. Prillieux [3], ne peut résister à une dessiccation prolongée seulement durant quelques jours.

On voit quel intérêt s'attache à cette gradation qui nous conduit progressivement du *Tylenchus tritici* à l'*Heterodera Schachtii*, les deux types semblant former respectivement les termes extrêmes de la série de ces Anguillules classées d'après leur faculté de résistance à la dessiccation.

Celle-ci entraîne effectivement toujours et sans délai la mort du parasite des betteraves. C'est à peine si l'on peut parfois ranimer des larves qui viennent d'être desséchées depuis peu d'instants; le résultat est presque toujours négatif et s'observe souvent même sur le porte-objet du microscope.

Après quelques heures, la mort est toujours inévitable. Au début de mes recherches, ne pouvant croire à une si faible résistance chez une Anguillule parasite, j'ai négligé de prendre les précautions nécessaires et j'ai perdu nombre de larves dont j'avais commencé l'étude. L'eau du verre de montre s'étant évaporée, il m'était impossible de les rappeler à la vie; celle-ci n'était pas seulement suspendue, elle était abolie. Inutile par conséquent d'ajouter que si l'on cherche à faire revivre des larves maintenues à l'état de dessiccation; durant des semaines ou des mois, on n'obtiendra jamais que des insuccès, même si la tentative d'hydratation est longtemps prolongée [4].

Les conditions biologiques imposées à l'*Heterodera Schachtii* suffisent à expliquer sa faible résistance à la dessiccation.

Vivant dans l'épi du blé, le *Tylenchus tritici* n'y trouve qu'une protection faible et fugace; l'humidité ne tarde pas à y devenir de moins en moins abondante, pour s'épuiser bientôt complètement. Aussi le parasite a-t-il dû s'adapter à ce milieu spécial.

[1] Claude Bernard, *Phénomènes de la vie communs aux animaux et aux végétaux*, 1878, t. I, p. 90.
[2] Mais deux ans plus tard, c'est-à-dire après quatorze ans, le résultat fut négatif.
[3] Prillieux, *La maladie vermiculaire des jacinthes* (*Journal de la Société nationale d'horticulture*, 3ᵉ série, t. III, 1881).
[4] L'Anguillule du caféier, étudiée par M. C. Jobert, paraît résister aussi peu à la dessiccation.
On ne doit pas s'en étonner, cet Helminthe étant vraisemblablement un *Heterodera*, peut-être même l'*H. Schachtii*.

Les circonstances sont fort différentes pour la larve de l'*Heterodera Schachtii*, car elle vit dans les profondeurs d'un sol qui ne peut guère se dessécher d'une façon complète. En outre, la formation du kyste brun, retardant l'éclosion des œufs, vient encore concourir sous ce point de vue à assurer la conservation de l'espèce. L'importance du kyste est même d'autant plus grande à cet égard que sa formation se trouve hâtée par l'influence d'un été exceptionnellement chaud, ainsi que j'ai pu le constater en 1889.

On doit d'ailleurs ne jamais oublier combien les faits naturels diffèrent de ceux dont nous pouvons provoquer la réalisation dans nos laboratoires. Lorsque nous abandonnons un *Heterodera* sur un porte-objet ou sur un verre de montre, nous l'exposons à une dessiccation complète, telle qu'elle ne pourra que bien rarement se rencontrer dans le sol. Déjà, en maintenant des betteraves nématodées dans des caisses non arrosées pendant plusieurs jours et exposées à un ardent soleil de juillet (1887), j'ai vu les *Heterodera* résister à une dessiccation très notable, mais qui n'était que relative, car si la terre semblait sèche, si elle s'effritait sous les doigts, elle n'en pouvait pas moins offrir encore quelques traces d'humidité à l'Helminthe pour qui les racines constituaient un dernier et précieux refuge. Cependant, tout en faisant la part de ces différences expérimentales, il faut dégager nettement de ces expériences une notion importante : l'*Heterodera Schachtii* ne manifeste pas des phénomènes de « reviviscence » comparables à ceux que présente le *Tylenchus tritici*, etc.

Ses larves sont atteintes par un grand nombre d'agents chimiques, succombant même assez promptement à leur action. De faibles traces d'acide sulfurique, nitrique, chlorhydrique, acétique, mêlées à l'eau où on les observe, les tuent immédiatement. L'acide chromique n'agit qu'en proportion plus considérable. Les alcalis concentrés, les sels alcalins les font périr rapidement. La glycérine produit le même effet, tandis que j'ai vu des larves de Filaires vivre plusieurs heures dans un mélange composé d'un tiers de glycérine et de deux tiers d'eau.

L'élévation de la température est rapidement funeste aux jeunes larves qui succombent entre 5 et 40 degrés.

Cette action de la température sur les larves est d'autant plus intéressante à signaler, qu'elle permet de résoudre une question fort importante pour la pratique agricole.

Lors des premières recherches consacrées à l'*Heterodera Schachtii*, on avait admis que ce ver pouvait traverser sans atteintes le tube digestif du mouton, y trouvant même des conditions favorables à son développement, si bien que « dans les déjections des moutons nourris avec des betteraves nématodées, se montraient par myriades des larves d'*Heterodera Schachtii* d'une incroyable agilité et prêtes à pénétrer dans les racines ».

Le ruminant fût donc ainsi devenu un redoutable agent de propagation. Toutefois, diverses considérations, précisément l'effet produit sur les larves par une température supérieure à 35 degrés, me portaient à concevoir certains doutes sur l'exactitude de ces observations. Il était vraisemblable que quelque erreur de détermination avait dû s'y glisser.

Dans tous les cas, le fait méritait d'être soumis au contrôle de l'expérience et celle-ci était des plus faciles à instituer.

Des moutons reçurent dans leur alimentation une forte proportion de betteraves nématodées. Examinées avec soin, durant plusieurs semaines, leurs déjections n'offrirent au microscope aucune trace d'Anguillules vivantes ; les seules qui s'y rencontrèrent étaient mortes, plus fréquemment même à l'état de débris.

Répétées à plusieurs reprises, ces recherches m'ont toujours donné des résultats identiques. Mais il importe encore ici d'établir rigoureusement la diagnose des Helminthes qu'on peut alors observer.

Le mouton héberge plusieurs Nématodes qu'une personne étrangère à l'helminthologie pourrait prendre pour des Hétérodères. Un zoologiste ne saurait évidemment s'y tromper ; la détermination est même d'autant plus aisée qu'elle porte sur des types nettement caractérisés (*Strongyliens*, *Sclérostomiens*, *Trichocéphaliens*, etc.). — La même remarque doit être faite à l'égard des œufs ; il est indispensable d'apprendre à différencier les œufs des divers parasites du mouton de ceux de l'*Heterodera*. On reconnaît alors que ceux-ci sont toujours profondément altérés et souvent réduits à leur coque.

Quant aux « myriades de larves », je suis encore à les découvrir. Il est probable que les larves signalées dans la relation que je citais plus haut appartenaient au *Sclerostoma hypostomum*. Cet Helminthe est fréquent chez le mouton, et ses larves vivent assez longtemps dans les matières fécales maintenues à un degré suffisant d'hydratation, condition que l'on avait précisément réalisée en humectant largement les déjections pour y rechercher les Anguillules.

En présence des faits qui viennent d'être exposés, il semble difficile d'admettre que le mouton puisse propager l'*Heterodera Schachtii* et aider à la dissémination de la maladie vermineuse des betteraves [1].

Deuxième larve. — Après avoir mené, durant un temps variable avec les circonstances, la vie libre qui vient d'être décrite [2], la larve cherche à s'introduire dans une plante nourricière. Elle a, en effet, épuisé la majeure partie de sa réserve alimentaire qui n'est plus représentée que par des granules épars dans la cavité générale. De terricole la larve va devenir parasite.

On sait que la betterave n'est pas la seule plante apte à l'héberger dans cette phase de son développement ; beaucoup de végétaux partagent avec elle ce fâcheux privilège. J'ai déjà eu occasion de les mentionner ; aussi sera-t-il plus intéressant d'examiner maintenant comment l'Anguillule pénètre dans son hôte, on pourrait dire dans sa victime, et quelles seront pour l'Helminthe les conséquences de ce nouveau genre de vie.

Il s'attaque à de petites racines, mesurant à peine quelques millimètres de diamètre. Grâce à son aiguillon, dont le mode de fonctionnement a été décrit précédemment, il perfore l'épiderme et atteint le parenchyme, respectant en général le tissu fibro-vasculaire.

Comme tous les observateurs l'ont constaté, de nombreuses larves peuvent simultanément pénétrer dans la plante et gagner le système cortical où s'opère presque toujours la métamorphose [3] nécessaire pour la réalisation de la seconde forme larvaire.

L'enveloppe cuticulaire subit une mue totale, à la suite de laquelle son aspect se modifie notablement, sa striation se trouvant fort atténuée.

Les formations qui émanent de la cuticule, spécialement la coiffe céphalique et l'ai-

---

[1] Joannes Chatin, *Le Mouton peut-il propager l'Heterodera Schachtii ?* (*Comptes rendus de la Société de biologie*, janvier 1890).

[2] Parfois on voit de jeunes larves gagner les racines peu après leur naissance.

[3] Pl. V, fig. 26.

guillon, se trouvent atteintes par cette mue et se reconstituent sous des formes nouvelles. La coiffe fait même défaut durant quelque temps[1]; ensuite elle n'est représentée que par un petit tubercule conique[2], au centre duquel l'aiguillon vient faire saillie. Presque négligeable sous le rapport fonctionnel, ce tubercule est intéressant au point de vue morphologique. Pour être tardive, son apparition chez la deuxième forme larvaire ne permet cependant pas de partager l'opinion des auteurs qui concluent à l'absence totale de la coiffe durant ce stade. Elle s'y montre au moins à l'état de témoin, car le tubercule céphalique ne saurait être autrement interprété.

Quant à l'aiguillon[3], il est plus faible que celui de la première forme larvaire, ce qui s'explique aisément par la vie sédentaire imposée à la seconde larve. Le système musculaire est peu développé.

L'intestin moyen[4] s'est notablement élargi, reflétant en cela l'aspect actuel du corps. Celui-ci devient plus ou moins claviforme, distendant les couches corticales de la racine et y déterminant la formation d'une saillie ou tubérosité au point occupé par l'Helminthe; inutile d'ajouter que les termes de «kyste» et de «galle» sous lesquels on a désigné ces sortes de tumeurs sont également impropres.

Encore à l'état d'ébauche, l'appareil génital montre des noyaux de plus en plus nombreux; parfois même, autour des noyaux, s'esquissent des territoires cellulaires. Le développement de cet appareil permettra bientôt de distinguer les mâles des femelles, distinction d'autant plus importante que l'évolution ultérieure différera profondément dans les deux sexes.

Chez le futur mâle, l'appareil reproducteur ne dépasse pas ici la valeur d'une masse ou d'un cordon de cellules claires. — Chez la femelle, au contraire, ce cordon se scinde bientôt en deux bandes que sépare une profonde dépression; dans la région caudale la vulve apparaît et l'on ne tarde pas à distinguer intérieurement les diverses parties de l'appareil reproducteur : ovaire, oviducte, utérus, vagin.

Si l'appareil sexuel s'est rapidement constitué chez la femelle, tandis qu'il demeurait à l'état d'ébauche chez le mâle, c'est que ce dernier est encore loin d'acquérir sa forme parfaite; celle-ci se réalise dès maintenant pour la femelle.

Chez cette dernière, l'accroissement s'opère dès lors surtout en largeur; l'être n'est plus vermiforme, il devient sphéroïdal, comparable à une outre rebondie d'où émerge la tête qui semble s'y relier par une sorte de cou rétréci et quelquefois infléchi.

Le système digestif obéit à la même tendance et se montre bientôt comme un énorme sac ovoïde qui refoule les parties internes. L'œsophage et le rectum sont encore assez faciles à reconnaître, tout en étant comprimés et masqués par l'intestin moyen sur lequel a essentiellement porté cette turgescence exceptionnelle.

Du côté du système tégumento-musculaire, des phénomènes moins apparents, mais fort intéressants, se sont accomplis.

Les couches musculaires, déjà très minces chez la seconde forme larvaire, semblent entrer en régression ou en délamination. Dans l'épiderme, les noyaux sont difficiles à distinguer; la cuticule s'indure et se couvre de saillies tantôt régulièrement, tantôt irrégulièrement disposées.

[1] Pl. V, fig. 27.
[2] Pl. V, fig. 28.
[3] Pl. V, fig. 27 et 28, s.
[4] Pl. V, fig. 27 et 28, im.

La femelle a dès lors atteint son complet développement[1]; elle est adulte et apte à la fécondation.

Si elle est encore enfouie dans les tissus de la racine, ce n'est plus que pour fort peu de temps; son exode est proche.

L'énorme et rapide accroissement de l'Helminthe a peu à peu distendu les tissus végétaux, au milieu et aux dépens desquels il s'est développé; la tumeur corticale[2] est devenue impuissante à contenir plus longtemps le parasite et se rompt pour lui livrer passage[3]. La femelle, ainsi dégagée, se trouve donc mise en liberté dans la terre ambiante où le mâle ne viendra la rejoindre que plus tard.

Cocon du mâle[4]. — On vient de voir que la femelle passait directement de la deuxième forme larvaire à l'état adulte grâce à une croissance ininterrompue, croissance qui se traduit surtout par une augmentation de volume, plutôt que par une élongation.

Pour le mâle, le développement est plus lent et plus compliqué. Mais qu'on ne se méprenne pas sur la nature des complications qui vont s'y manifester; elles sont d'origine tégumentaire.

Dans l'épiderme s'accomplit un travail histolytique et histogénétique des plus intéressants. D'abord s'opère une sorte de fonte cellulaire marquée par une diminution dans le nombre des noyaux; puis ceux-ci se multiplient rapidement et, de cette prolifération nucléaire, dérive une néoformation dont les couches superficielles se confondent promptement avec la cuticule larvaire. Ainsi se forme un tégument induré dont l'opacité masque les différenciations ultérieures, comme elle voile les modifications qui vont s'opérer dans les parties internes.

Distendue par la croissance rapide de ces dernières, la néoformation tégumentaire s'en écarte peu à peu, constituant à la périphérie une sorte de cocon dans l'intérieur duquel va s'achever l'organisation du mâle.

Celui-ci se trouve donc renfermé dans l'intérieur d'un étui, auquel il n'adhérera bientôt plus que par ses deux extrémités, puis par une seule[5]; plus tard tout lien se rompra entre eux[6].

Le ver ainsi inclus est d'abord court et gros, presque claviforme, semblant tendre

[1] Souvent la femelle subit une mue supplémentaire; le fait peut s'observer également dans les divers états larvaires; il montre, une fois encore, l'extrême activité formatrice de la couche épidermique.

[2] Pl. VII, fig. 3a, H.

[3] Ainsi que je l'ai montré, le parasitisme n'est pas indispensable pour assurer toute cette évolution; j'ai pu l'observer intégralement sur des *H. Schachtii* maintenus libres dans la terre humide. Ailleurs on voit la femelle subir tout son développement non dans l'intérieur de la racine, mais sur celle-ci où elle n'est fixée que par son aiguillon. Ce n'est plus alors un *endoparasite*, mais un *ectoparasite*; dans ce cas, et contrairement à l'opinion de Strübell, la racine souffre infiniment moins des atteintes de l'Helminthe.

[4] Ce stade ne peut aucunement être assimilé à un enkystement; aussi ne saurait-on admettre le terme de *kyste* employé par Strübell et par R. Bos pour désigner l'étui dans lequel le mâle achève alors son développement. Cette expression est d'autant plus fâcheuse qu'elle est de nature à établir une confusion avec le kyste brun de la femelle.

A la vérité, l'analyse intime des processus histiques permettrait de reconnaître un certain lien entre ces formations; mais les auteurs que je viens de citer ne peuvent invoquer le bénéfice de ces considérations, puisqu'ils ne les ont même pas soupçonnées.

[5] Pl. VI, fig. 29.

[6] Pl. VI, fig. 30.

pendant un temps très court vers la turgescence qui a si singulièrement déformé la femelle. Mais cette phase est fugace et le ver, s'allongeant rapidement, ne tarde pas à revêtir tous les attributs classiques du type Nématode.

L'Helminthe contenu de la sorte dans le cocon [1] montre une cuticule déjà striée et à la constitution de laquelle a pris part la partie profonde de la néoformation décrite plus haut.

Le tube digestif possède toutes ses parties, mais l'intestin moyen est moins prééminent qu'aux stades précédents, on voit qu'il ne doit pas acquérir ici l'énorme développement qu'il offre dans l'autre sexe.

Un aiguillon nouveau s'est formé, plus fort que l'aiguillon de la deuxième forme larvaire; il présente peu à peu tous les caractères qui ont été décrits sur l'aiguillon du mâle adulte.

Les champs latéraux et l'appareil excréteur achèvent de se constituer.

Il en est de même pour l'appareil sexuel : les parois du tube génital s'organisent, puis le contenu commence à se différencier; les spicules se distinguent assez promptement [2].

L'évolution du mâle étant achevée, il doit à son tour renoncer à l'abri que lui avait offert la racine.

Son émigration est moins passive que celle de la femelle. Dilatée en forme d'outre, n'ayant déjà plus que des muscles émaciés, celle-ci ne pouvait agir ni par des mouvements de reptation, ni par le jeu de son aiguillon dont le fonctionnement devenait difficile. Le mâle, au contraire, est maintenant un vrai Nématode, allongé, pourvu d'une épaisse musculature, très agile et très mobile, armé d'un aiguillon puissant et acéré. Ses contractions somatiques lui permettent de briser l'enveloppe, le cocon qui a protégé son développement; par le jeu de son aiguillon, il perfore l'écorce de la racine et gagne la terre ambiante.

Les femelles y sont déjà et la fécondation s'opère. Il est vraisemblable que les mâles meurent ensuite assez promptement, car on retrouve leurs débris auprès des femelles, parfois mêlés à l'exsudat vulvaire dont il a été question plus haut [3].

Je crois inutile de rappeler que le parasitisme et le séjour dans les tissus végétaux ne sont nullement indispensables pour assurer l'accomplissement des divers stades évolutifs de l'*Heterodera Schachtii*. Son développement total peut s'accomplir dans la terre humide; le fait s'explique aisément pour le mâle qu'abrite son cocon; on l'observe également pour la femelle, comme je le mentionnais précédemment. On comprend toute l'importance d'une telle notion; elle achève d'expliquer l'extrême rapidité avec laquelle se propage cette espèce, capable de s'adapter également à la vie parasite et à la vie indépendante.

Le développement post-embryonnaire de l'*Heterodera Schachtii* offre donc un grand intérêt et revêt chez le mâle un caractère si spécial que la plupart des observateurs l'ont considéré comme absolument exceptionnel pour un Nématode, interrogeant même les groupes zoologiques les plus différents afin d'y découvrir quelque terme de comparaison.

[1] Pl. VI, fig. 31. — [2] Pl. VI, fig. 30, *sp*. — [3] Voir page 31.

C'est évidemment méconnaître l'origine et la valeur de ces métamorphoses; aussi n'imiterai-je pas les auteurs qui rapprochent successivement notre modeste Anguillule du Balanoglosse, des Échinodermes, des Acanthocéphalés, des Coccidés, etc.

Il n'est pas nécessaire de lui rechercher des liens de parenté aussi éloignés, aussi problématiques : son étude attentive d'une part, puis l'analyse de certains faits observés chez d'autres Nématodes suffisent pleinement à l'explication des divers phénomènes évolutifs qui viennent d'être exposés.

En décrivant l'organisation générale de l'*Heterodera Schachtii*, j'ai eu soin d'insister sur l'importance fonctionnelle de son système tégumentaire. Il est peu de Nématodes chez lesquels il offre un tel intérêt.

La puissance formatrice, l'activité presque incessante de l'épiderme cutané et de l'épithélium intestinal dépassent ici toute prévision.

Au point de vue anatomique, ne voit-on pas des organes entiers et complexes, comme la coiffe et l'aiguillon, n'être au fond que de simples productions du tégument? Or, c'est encore à son intervention qu'il faut rapporter l'origine de ces métamorphoses, en apparence si anormales.

Dans les états larvaires proprement dits, elles s'expriment par de simples mues cuticulaires. La preuve en est non seulement dans le mécanisme même du phénomène, mais dans le renouvellement de la coiffe et de l'aiguillon : émanations directes de la cuticule, ces organes en suivent le sort et l'accompagnent dans sa chute.

La phase « cocon » que traverse le jeune mâle peut sembler, au premier abord, plus délicate à interpréter. Les notions maintenant acquises permettent d'en déterminer exactement la signification.

S'il fallait établir l'importance de l'histologie zoologique, il suffirait de citer l'*Heterodera Schachtii* pour montrer quelle lumière elle apporte dans les questions les plus obscures. Seule, elle a révélé le mode de formation du kyste brun; seule, elle dégage de toute incertitude l'origine du cocon.

Cette métamorphose est, au fond, de même nature que celles dont il vient d'être question. Elle dérive aussi d'un travail histogénétique, dont l'épiderme est le siège, et qui est d'abord identique à celui qu'on y observe lors des mues larvaires; seulement ici quelques complications secondaires surgissent.

Au lieu d'être immédiatement ou presque immédiatement éliminée, la vieille cuticule persiste durant tout le temps nécessaire pour que le mâle puisse achever son organisation sous la protection de cet étui ou cocon.

Le travail histogénétique qui s'accomplit dans l'épiderme se trouve alors exagéré, peut-être par suite de l'irritation que provoque le contact de la cuticule antérieure. Une abondante prolifération nucléaire, succédant à des phénomènes d'histolyse, détermine une néoformation dont les couches externes s'appliquent contre la vieille cuticule, lui donnant l'opacité mentionnée plus haut et empêchant de suivre les progrès de l'organisation du ver.

Sur celui-ci le tégument se reconstitue par la différenciation d'une nouvelle cuticule qui comprend la couche profonde de la néoformation, c'est-à-dire la couche la plus voisine de l'épiderme dont elle émane. Quant à la partie superficielle de la néoformation, elle se mortifie rapidement avec la vieille cuticule.

De simples phénomènes d'histogénèse et d'histolyse résument donc toute cette phase, si bizarre en apparence. Le renouvellement de la coiffe et de l'aiguillon achève d'ailleurs de la rapprocher des mues larvaires.

En pénétrant ainsi dans l'essence même des faits, on constate que l'extrême différence qui semble exister entre le mâle et la femelle, celle-ci ne subissant pas le stade « cocon », perd singulièrement de son importance. On vient de voir que l'origine du cocon devait être cherchée dans les manifestations d'activité histique qui se succèdent alors dans le tégument. Est-ce à dire qu'elles manquent chez la femelle et que son épiderme soit frappé d'une sorte d'inertie relative? En aucune manière, seulement la puissance formatrice se dépense en des périodes différentes suivant les sexes.

Chez le mâle, c'est à la fin de la période larvaire, à l'aurore de l'âge adulte, qu'elle s'exerce dans toute sa plénitude, avec une intensité exceptionnelle.

Chez la femelle, au contraire, elle ne se manifeste alors que particiellement, se réservant en quelque sorte pour intervenir au déclin de la vie : la fécondation s'étant accomplie, la mère doit ou disparaître totalement, ou se transformer en un kyste protecteur; dans ce cas, on assiste à d'importantes modifications histiques analogues à celles qui déterminent la formation du cocon chez le mâle et l'on reconnaît que le processus est presque identique.

La dissemblance entre les deux sexes n'est que le reflet même des actes organiques et de leurs conséquences : avec l'accouplement se termine le rôle du mâle qui meurt peu après; le rôle de la femelle commence réellement alors. Pour nourrir les œufs, mieux encore pour leur assurer la protection que les circonstances ambiantes rendent indispensable, la mère doit subir de profondes modifications parfois comparables à des métamorphoses et siégeant essentiellement dans les téguments. On l'a constaté plus haut en étudiant l'origine du kyste brun, et j'ajoute que c'est seulement après avoir suivi son mode de formation que j'ai pu comprendre l'exacte signification du cocon.

Il est donc facile de rapprocher les cycles évolutifs du mâle et de la femelle, malgré les différences qui semblent tout d'abord exister entre eux. Une autre question reste encore à examiner. Ce singulier cocon est-il sans analogue dans la classe des Nématodes et doit-on s'adresser à tel type zoologique plus ou moins lointain pour trouver quelque formation semblable?

Il est inutile d'étendre ainsi les recherches, car on peut, sans sortir de la classe, trouver plusieurs espèces qui peuvent être rapprochées de l'*Heterodera Schachtii*. Pour l'établir, il me suffira d'emprunter quelques exemples à l'histoire de divers Nématodes vulgaires.

En étudiant le développement de l'Ankylostome duodénal (*Ankylostomum duodenale* Dub.), on voit la larve subir plusieurs mues à la suite desquelles une sorte de coque flexible se forme autour d'elle. Cette coque lui permet de vivre dans l'eau et n'entrave en rien ses mouvements; par son origine et sa constitution, elle est comparable au cocon de notre Anguillule.

L'« encapsulement » des larves du Sclérostome armé (*Sclerostomum armatum* Dies) est un fait analogue : après s'être assez notablement accrues, les jeunes larves montrent des modifications importantes dans leur tégument qui s'accroît en épaisseur et se plisse pour former un étui dans lequel on voit le ver se mouvoir.

Enfin, pour ne pas multiplier les exemples, je me borne à rappeler que les larves du *Rhabdonema intestinalis* muent et s'enveloppent dans leur vieux tégument comme dans un sac ou cocon, pour y attendre les conditions favorables à leur évolution ultérieure. C'est dans ce cocon que se développe le ver sexué dont on peut souvent suivre la croissance en l'observant par transparence. Il serait donc difficile de trouver un type qui fût plus exactement comparable à l'*Heterodera Schachtii* [1].

Pour revenir à ce dernier, il me suffira de rappeler qu'après la rupture de son cocon, le mâle se met à la recherche de la femelle, la féconde et meurt généralement peu après. L'œuf se développe suivant le processus déjà décrit et le Nématode se propage avec une rapidité dont on ne saurait plus s'étonner maintenant.

Le développement total, depuis l'œuf jusqu'à l'état adulte, n'exige pas plus de cinq semaines; on peut donc voir se succéder annuellement de cinq à sept générations suivant les circonstances cosmiques. La femelle produisant en moyenne 300 à 350 œufs, on voit qu'en admettant seulement que 100 embryons se développent en femelles, on trouvera, vers la fin de l'été, après cinq générations, *plusieurs milliards* de vers. Telle sera, au minimum, la descendance d'une femelle née au printemps; de pareils chiffres se passent de commentaires et montrent quel intérêt s'attache à l'histoire d'un parasite qui possède de si redoutables moyens de propagation.

Les recherches qui viennent d'être exposées ayant eu pour objet l'étude biologique de l'*Heterodera Schachtii*, ce mémoire ne saurait présenter le tableau d'une prophylaxie dont il doit au contraire fournir les éléments. Cependant, de l'ensemble des notions ainsi acquises, se déduisent un certain nombre de prescriptions qui peuvent être utilement recommandées aux agriculteurs :

1° Examiner soigneusement les racines des betteraves, dès que celles-ci montrent quelques symptômes de dépérissement; y rechercher la présence de l'Anguillule, spécialement les renflements blanchâtres produits sur les radicelles par les femelles.

2° Arracher aussitôt tous les pieds nématodés; étendre cet arrachage à 100 mètres autour de la «tache» et détruire par l'incinération les pieds enlevés.

3° Ne semer sur la terre reconnue nématodée ni betteraves, ni céréales, mais la traiter par la méthode des plantes-pièges.

4° Rechercher sur les betteraves ensilées la présence des kystes bruns et éliminer celles qui en offriraient la moindre trace.

5° Ne pas transporter dans les champs les plants, déchets ou composts suspects d'être nématodés. Si ce transport ne peut être évité, traiter au préalable les plants, déchets ou composts par la chaux vive.

Telles sont, dès maintenant, les précautions à prendre, en attendant le moment où la pratique agricole, rationnellement éclairée, aura pu multiplier et perfectionner les moyens susceptibles d'être opposés avec succès au dangereux parasite dont je me suis efforcé de faire connaître l'organisation et le développement.

[1] Ces lignes étaient écrites lorsque parut (*Comptes rendus de l'Académie des sciences*, 1890) l'intéressante note de M. Moniez sur le *Rhabditis oxyuris* qui présente une métamorphose larvaire rappelant ce qui s'observe chez l'*Heterodera Schachtii*.

PLANCHE I.

PLANCHE I.

Fig. 1. — Mâle à l'état adulte :

c, coiffe céphalique. — b, ouverture buccale. — v, vestibule. — s, stylet ou aiguillon. — a, apophyse du stylet. — m, muscles rétracteurs du stylet. — m', muscles protracteurs du stylet. — g, organe adénoïde. — c p, canal pharyngien. — b p, bulbe pharyngien. — i m, intestin moyen. — n, centre nerveux. — p e, pore excréteur. — t, testicule. — s p, spicules. — m s, muscles des spicules. — q, queue. — t, cuticule.

Fig. 2 et 2'. — Portion antérieure et portion postérieure d'un mâle adulte observé sur un grossissement plus considérable :

c, coiffe. — b, ouverture buccale. — v, vestibule. — s, stylet ou aiguillon. — a, apophyse du stylet. — m, muscles rétracteurs du stylet. — m', muscles protracteurs du stylet. — g, organe adénoïde ; il est ici nettement dédoublé. Cette disposition est assez fréquente ; elle semble cependant avoir échappé aux divers observateurs qui ont étudié l'*Heterodera Schachtii*. — c p, canal pharyngien. — b p, bulbe pharyngien. — c œ, canal œsophagien. — i m, intestin moyen. — n, centre nerveux. — p e, pore excréteur. — t, testicule. — s p, spicules. — m s, muscles des spicules. — q, queue (comprimé). — t, cuticule.

(La région moyenne de l'helminthe n'a pas été représentée).

Fig. 3. — Région de l'organe adénoïde, chez un mâle adulte :

g, organe adénoïde. — a, apophyse du stylet. — c p, canal pharyngien.

Fig. 4. — Région du pore excréteur, chez un mâle adulte :

p e, pore excréteur s'ouvrant au niveau de la cuticule.

Fig. 5. — Région du centre nerveux chez un mâle adulte :

n, centre nerveux. — c p, canal pharyngien. — b p, bulbe pharyngien. — c œ, canal œsophagien.

Fig. 6. — Lambeau d'épithétium intestinal avec cuticule nettement différenciée, chez un mâle adulte :

h, corps cellulaire. — b, base sinueuse du corps cellulaire. — n, noyau clair et réfringent. — c, cuticule.

Fig. 7 et 8. — Deux cellules intestinales sur lesquelles la formation cuticulaire n'est représentée que par une vague ébauche de plateau (p) :

b, base de la cellule. — g, granulations éparses dans le corps cellulaire. — n, noyaux granuleux.

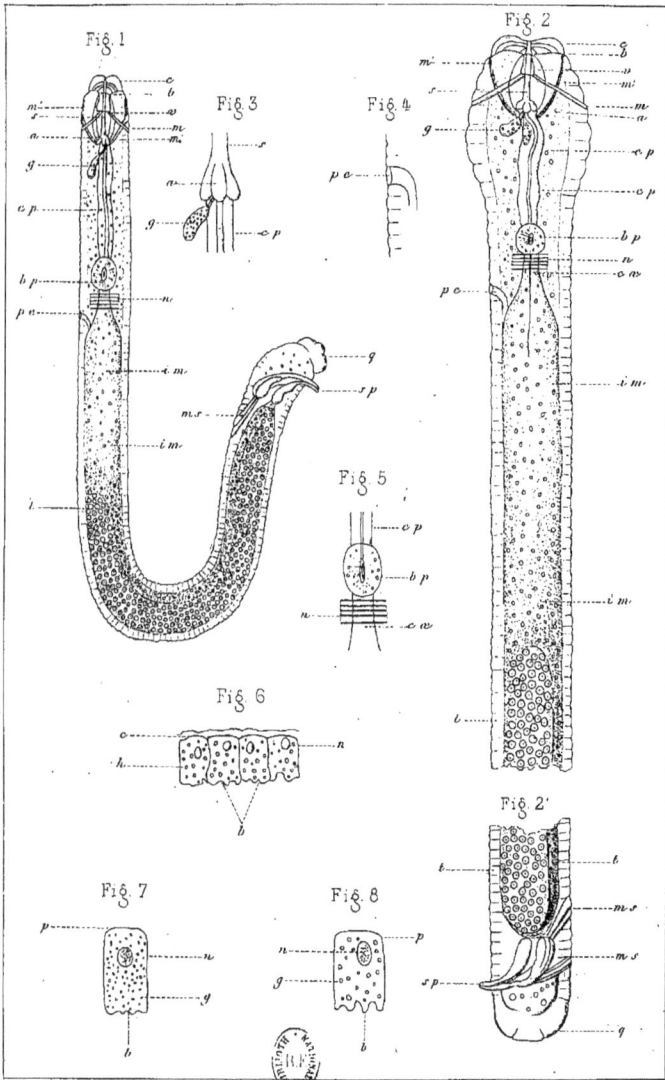

Pl. 1

Fig. 1

Fig. 2

Fig. 3

Fig. 4

Fig. 5

Fig. 6

Fig. 2'

Fig. 7

Fig. 8

PLANCHE II.

PLANCHE II.

Fɪɢ. 9. — Femelle adulte (l'appareil reproducteur n'est représenté que dans sa partie terminale) :

v, vestibule. — *s*, stylet ou aiguillon. — *a*, apophyse du stylet.

(L'organe adénoïde, toujours très réduit chez la femelle, se trouve sur la face opposée et n'a pu être figuré).

cp, canal pharyngien. — *bp*, bulbe pharyngien. — *im*, intestin moyen. — *it*, intestin terminal. — *an*, anus. — *n*, centre nerveux. — *pe*, pore excréteur. — *uu*, portion terminale des deux utérus. — *vg*, vagin. — *v*, vulve.

Fɪɢ. 10. — Ensemble de l'appareil génital femelle :

vv, ovaires. — *ovd*, oviductes. — *u*, utérus (vers la partie supérieure de la région utérine, se voit la dilatation qui a été quelquefois décrite sous le nom de *receptaculum seminis*). — *vg*, vagin. — *v*, orifice vulvaire avec ses replis et ses glandules.

Fɪɢ. 11. — Stylet ou aiguillon du mâle :

l, lame. — *a*, apophyse avec ses trois saillies.

Fɪɢ. 12. — Stylet ou aiguillon de la femelle :

l, lame. — *a*, apophyse dont les trois saillies sont échancrées et bifides. L'aspect de la lame s'en trouve profondément modifié dans sa région basilaire.

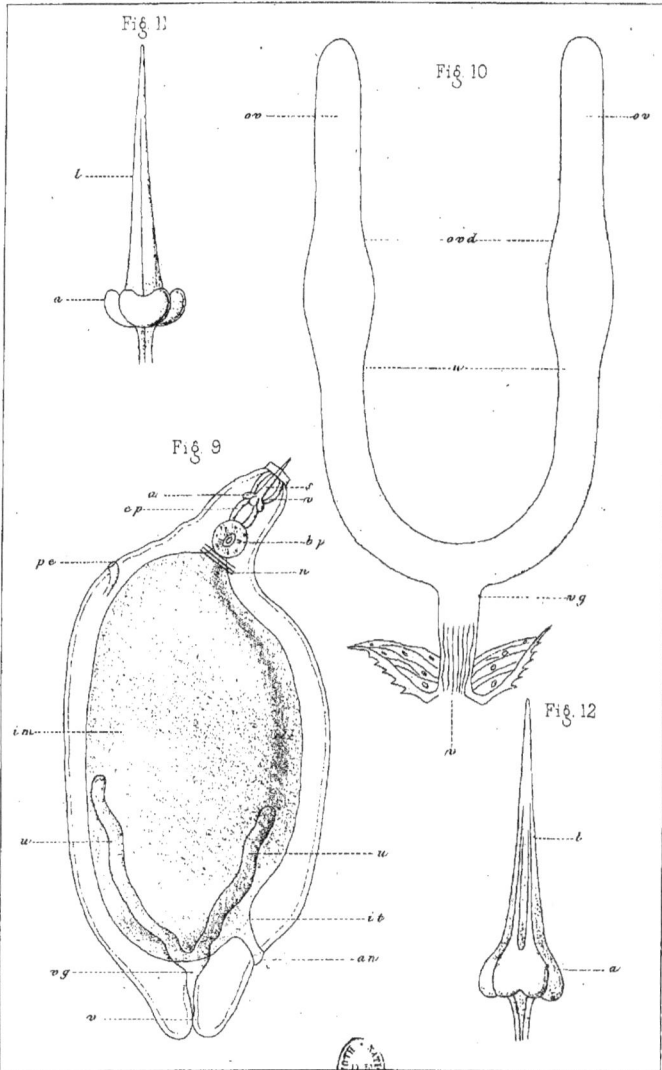

Pl. 11

Fig. 11

Fig. 10

Fig. 9

ov

ov

ovd

w

vg

v

Fig. 12

l

a

a p

c p

p e

b p

n

i n

u

u

i t

an

vg

v

l

a

J. Chatin del.

V. Bonnet sc.

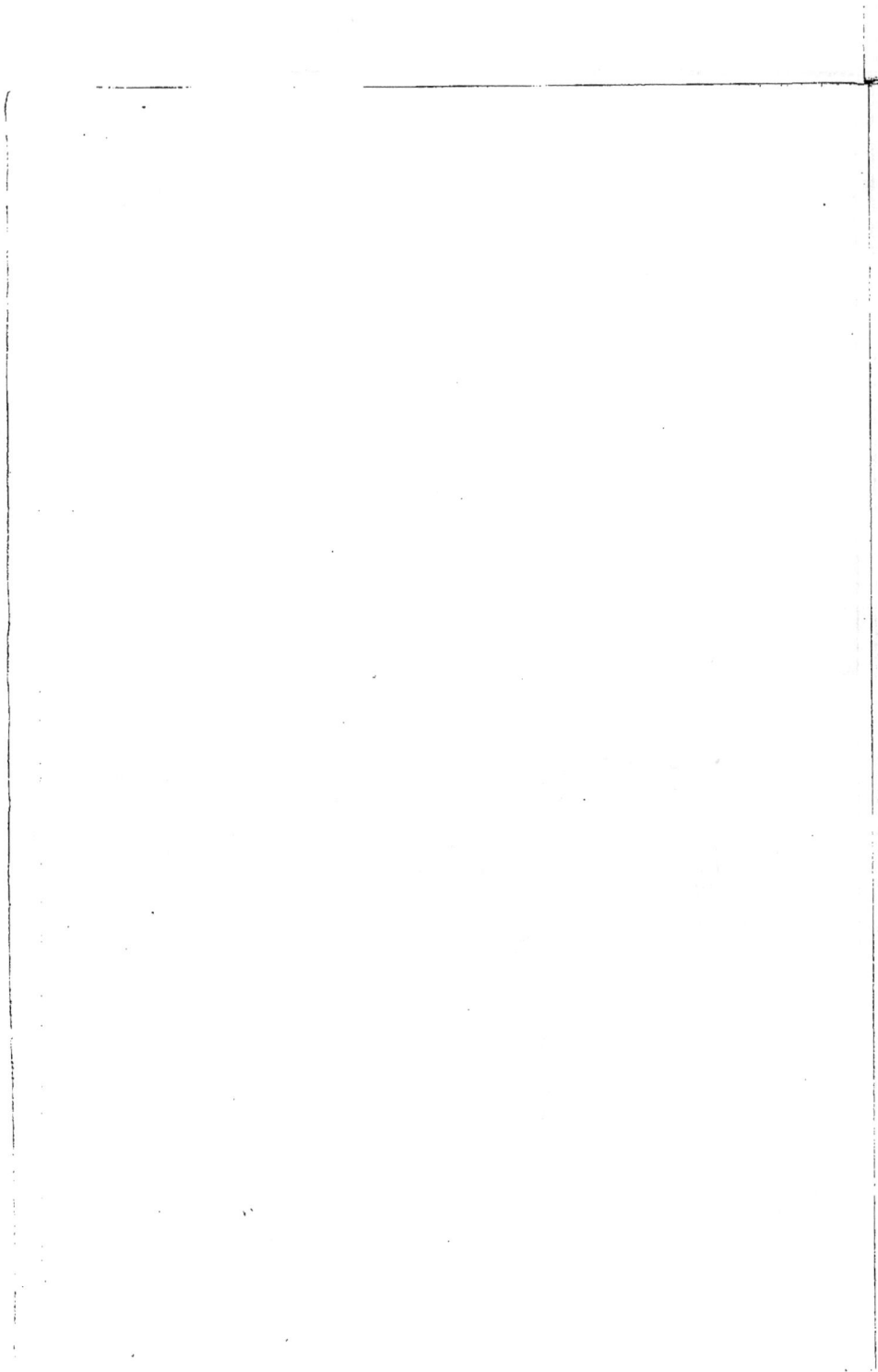

PLANCHE III.

PLANCHE III.

Fig. 13. — Coupe pratiquée parallèlement au grand axe de l'ovaire et passant par son extrémité cœcale, au moment de l'ovogénèse (préparation soumise à l'action du compresseur) :

a, tunica propria. — b, jeunes ovules.

Fig. 14. — Vue extérieure du tube génital femelle à la partie inférieure de l'oviducte.

Les cellules épithéliales sont vues par transparence à travers la tunica propria; on peut juger de leur régularité et du volume de leur noyau toujours très apparent.

Fig. 15. — Œuf : début de la segmentation (stade 2).

Fig. 16. — Œuf : stade 3.

Fig. 17 et 18. — Coupes de l'œuf peu avant le stade gastrula.

Fig. 19. — Formation des feuillets :

ec, ectoderme. — en, endoderme, montrant inférieurement les cellules de Goette (c).

Fig. 20. — L'embryon formé (E) est replié dans l'intérieur de l'œuf.

Pl. III

Fig 13

Fig 14

Fig 15

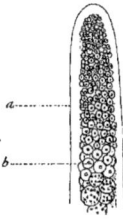

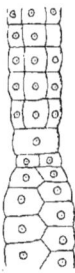

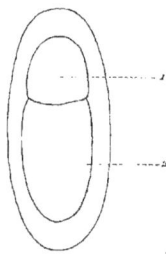

Fig. 16

Fig. 17

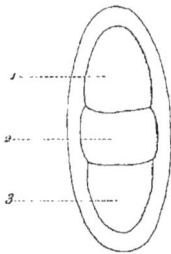

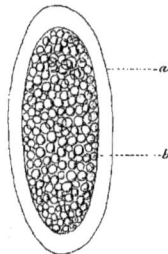

Fig 18

Fig. 19

Fig. 20

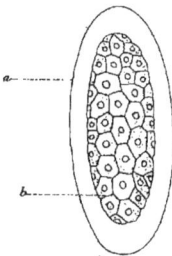

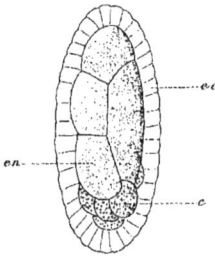

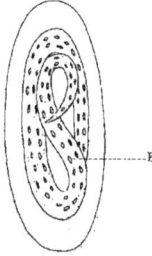

PLANCHE IV.

PLANCHE IV.

Fig. 21. — Un kyste brun :

    t, extrémité correspondant à la tête de la femelle. — *q*, extrémité correspondant à la queue de la femelle. — *o*, œufs contenus dans l'intérieur du kyste et supposés vus à travers son test.

Fig. 22 et 23. — Deux kystes bruns ouverts par leur ouverture antérieure :

    q, extrémité postérieure. — *o*, œufs encore contenus dans le kyste. — *o'*, œufs mis en liberté.

Fig. 24. — Un kyste ouvert par ses deux extrémités :

    o, œufs encore contenus dans le kyste. — *o'*, œufs mis en liberté. — *l*, larves mises en liberté par la déhiscence du kyste et l'éclosion des œufs.

Pl. IV

Fig 21

Fig 22

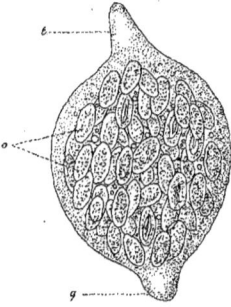
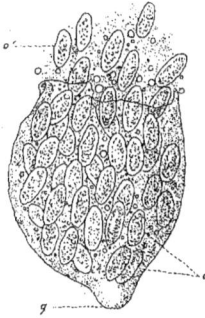

Fig 23

Fig 24

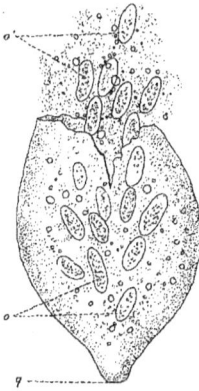
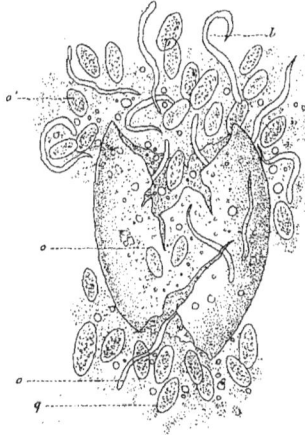

PLANCHE V.

PLANCHE V.

Fig. 25. — Première larve :

c, coiffe céphalique. — b, ouverture buccale. — v, vestibule. — s, stylet ou aiguillon, assez analogue à celui du mâle adulte. Sa lame est relativement large et puissante, tandis que chez la seconde larve, elle sera grêle et ténue. — a, apophyse basilaire du stylet. — g, organe adénoïde. — cp, canal pharyngien. — bp, bulbe pharyngien. — cœ, canal œsophagien. — im, intestin moyen. — it, intestin terminal. — Au-dessous se voit la partie postérieure de la masse claviforme constituée par la réserve nutritive (la larve est très jeune, observée peu après sa naissance). — an, anus. — n, centre nerveux. — pe, pore excréteur. — r, première ébauche de l'appareil reproducteur montrant des noyaux dont le nombre augmentera rapidement. — q, queue. Elle est acuminée et ce caractère suffirait à faire immédiatement distinguer la première forme larvaire de la seconde forme larvaire. — t, cuticule.

Fig. 26. — Première larve au moment de la mue et de la métamorphose qui précèdent l'apparition de la deuxième forme larvaire :

t′, vieille cuticule, distendue et écartée; elle laisse voir, dans son intérieur, la deuxième forme larvaire. — En q′, se voit l'extrémité acuminée de cette enveloppe cuticulaire de la première larve. — s′, stylet de la première forme larvaire, prêt à disparaître avec sa cuticule.

Les lettres suivantes désignent les divers organes de la seconde larve vue par transparence à travers la vieille cuticule ou cuticule de la première larve :

s, stylet ou aiguillon. — g, organe adénoïde. — cp, canal pharyngien. — bp, bulbe pharyngien. — im, intestin moyen. — it, intestin terminal. — pe, pore excréteur. — r, ébauche de l'appareil reproducteur (les noyaux sont déjà plus nombreux qu'au stade précédent). — q, queue. Elle est obtuse et non plus acuminée comme dans la première larve. — t, cuticule.

Fig. 27. — Deuxième larve, au début de son évolution. — La région céphalique est encore dépourvue de toute formation homologue à la coiffe :

s, stylet. — g, organe adénoïde. — cp, canal pharyngien. — bp, bulbe pharyngien. — im, intestin moyen. — it, intestin terminal. — an, anus. — n, centre nerveux. — pe, pore excréteur. — t, cuticule.

La larve étant observée sur le côté opposé à celui qui présente l'ébauche de l'appareil reproducteur, ce dernier n'a pu être figuré.

Fig. 28. — Deuxième larve plus développée.

La région céphalique porte un tubercule comparable à la coiffe; au centre de ce tubercule, le stylet vient faire saillie :

s, stylet ou aiguillon. La lame est très grêle, très différente de la même partie, observée chez la première larve. — g, organe adénoïde. — cp, canal pharyngien. — bp, bulbe pharyngien. — im, intestin moyen. — it, intestin terminal. — an, anus. — n, centre nerveux. — pe, pore excréteur. — r, appareil reproducteur.

Pl V

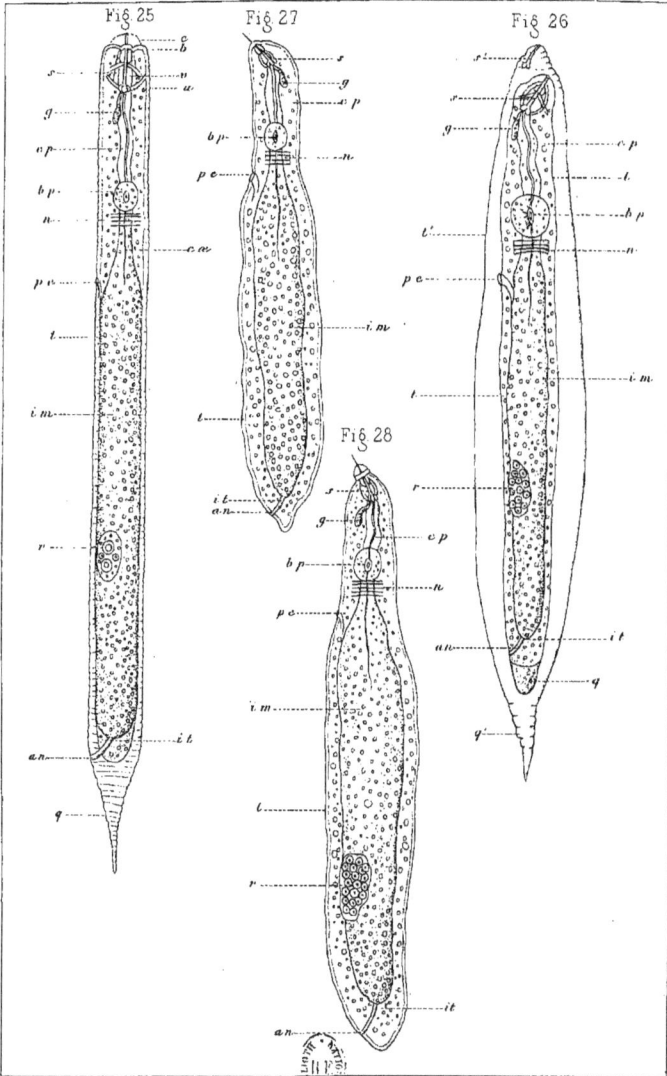

Fig 25   Fig 27   Fig 26

Fig 28

PLANCHE VI.

PLANCHE VI.

Fɪɢ. 29. — Phase de cocon observée chez le mâle, au moment où celui-ci se trouve encore fixé par son extrémité antérieure :

t', le cocon, constitué par l'ancienne cuticule doublée d'une partie de la néoformation. — *s'*, l'ancien stylet. — *q'*, région caudale du cocon.

Les lettres suivantes désignent les organes du mâle :

s, stylet ou aiguillon montrant une lame déjà large et puissante. — *g*, organe adénoïde. — *cp*, canal pharyngien. — *bp*, bulbe pharyngien. — *im*, intestin moyen. — *it*, intestin terminal s'infléchissant momentanément vers la face dorsale; cette particularité est à rapprocher de l'aspect actuel du jeune mâle qui semble alors devoir revêtir, à l'état adulte, une forme semblable à celle de la femelle. — *r*, appareil reproducteur. — *t*, cuticule. — *q*, queue.

Fɪɢ. 30. — Phase de cocon du mâle à un état plus avancé :

t', cocon. — *s'*, l'ancien stylet. — *q'*, région caudale du cocon.

Les lettres suivantes désignent les organes du mâle :

s, stylet ou aiguillon. — *g*, organe adénoïde. — *cp*, canal pharyngien. — *bp*, bulbe pharyngien. — *cœ*, canal œsophagien. — *im*, intestin moyen. — *sp*, ébauche des spicules. — *t*, cuticule. — *q*, queue.

Fɪɢ. 31. — Le mâle, presque complètement développé, se montre dans l'intérieur du cocon.

Les mêmes lettres désignent les mêmes parties.

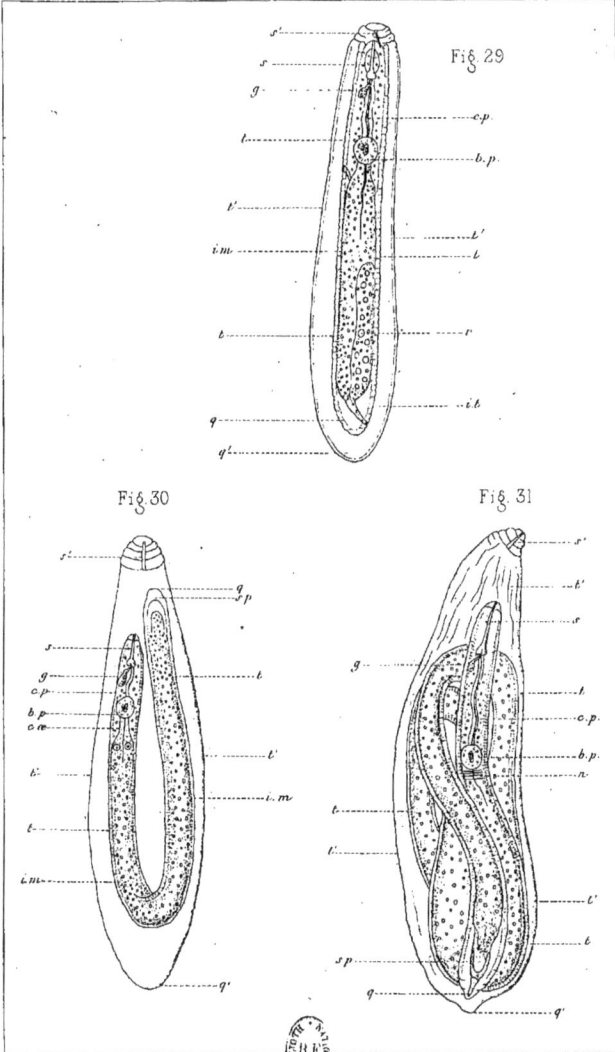

Pl. VI

Fig. 29

Fig. 30

Fig. 31

PLANCHE VII.

PLANCHE VII.

—

Fig. 32. — Fragment de racine de betterave, portant une femelle d'*Heterodera* (*H*) engagée sous l'épiderme.

Fig. 33. — Fragment de racine de betterave : sur les radicelles sont fixées de nombreuses femelles d'*Heterodera Schachtii* (*H H*).

Pl. VII

Fig 32

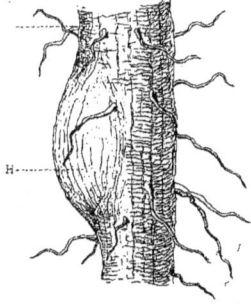

Fig 33

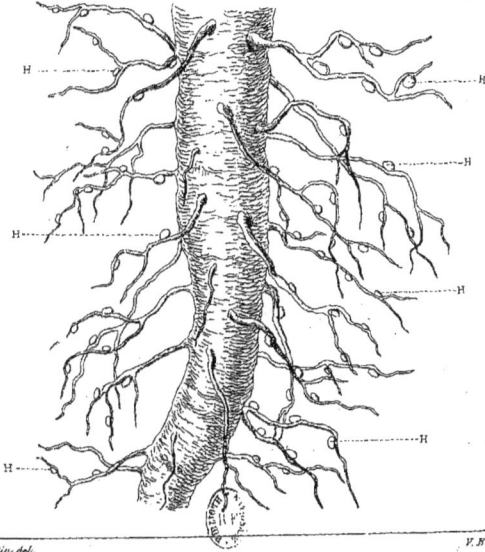

PLANCHE VIII.

PLANCHE VIII.

Fig. 34. — Coupe longitudinale d'une radicelle présentant une femelle ovifère (*F*). encore implantée dans le parenchyme cortical (*p c*); *f l b*, faisceau libéro-ligneux.

Fig. 35. — Coupe d'une radicelle sur laquelle se trouvent une femelle (*F*) et un mâle (*M*); on peut ainsi facilement juger du dimorphisme sexuel.

Pl. VIII

Fig. 34

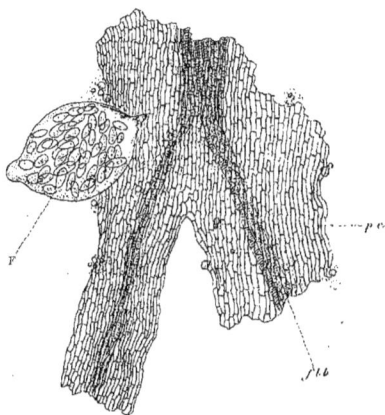

Fig. 35

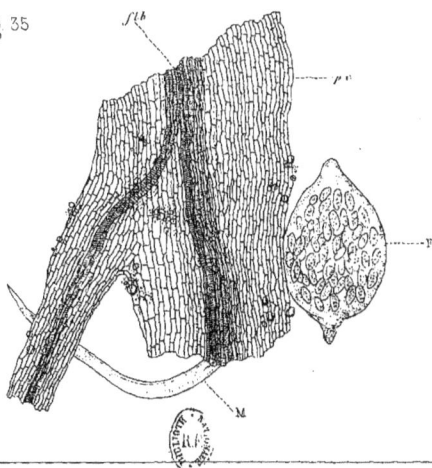

PLANCHE IX.

PLANCHE IX.

Fig. 36. — Lambeau du test externe d'un kyste brun, montrant sa nature adventice.

Fig. 37. — Acarien (*Gamasus crassipes*) attaquant les kystes bruns, perforant leur test et dévorant leur contenu.

Pl. IX

Fig. 36

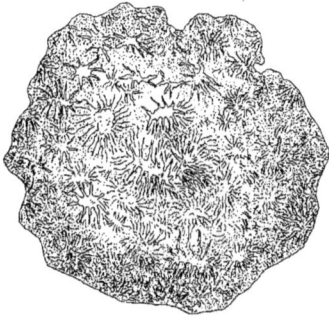

Fig. 37

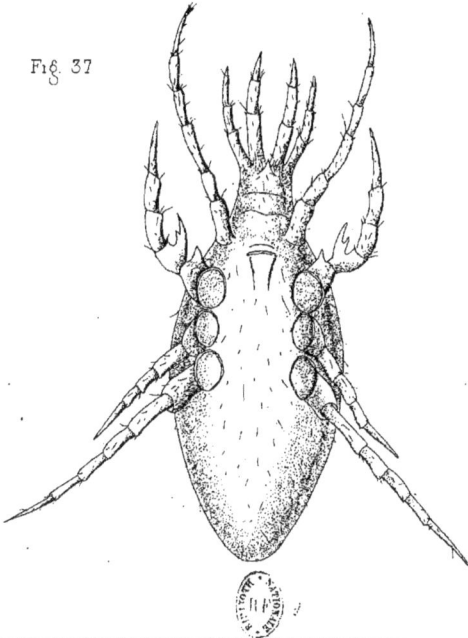

www.ingramcontent.com/pod-product-compliance
Lightning Source LLC
Chambersburg PA
CBHW050601210326
41521CB00008B/1070